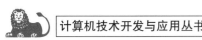

计算机技术开发与应用丛书

HuggingFace
自然语言处理详解

基于BERT中文模型的任务实战

李福林◎著

清华大学出版社

北京

内 容 简 介

本书综合性讲解 HuggingFace 社区提供的工具集 datasets 和 transformers，书中包括最基础的工具集的用例演示，具体的项目实战，以及预训练模型的底层设计思路和实现原理的介绍。通过本书的学习，读者可以快速掌握 HuggingFace 工具集的使用方法，掌握自然语言处理项目的一般研发流程，并能研发自己的自然语言处理项目。

本书分为 3 篇共 14 章：工具集基础用例演示篇（第 1~6 章），详细讲解 HuggingFace 工具集的基本使用方法；中文项目实战篇（第 7~12 章），通过几个实战项目演示使用 HuggingFace 工具集研发自然语言处理项目的一般流程；预训练模型底层原理篇（第 13、14 章），详细阐述了预训练模型的设计思路和计算原理。

本书将使用最简单浅显的语言，带领读者快速了解 HuggingFace 工具集的使用方法。通过本书实战项目的学习，读者可以掌握一般的自然语言处理项目的研发流程。通过本书预训练模型底层原理的学习，读者能够知其然也知其所以然，做到融会贯通。

本书适合有 PyTorch 编程基础的读者阅读，也适合作为对自然语言处理感兴趣的读者的参考图书。

图书在版编目（CIP）数据

HuggingFace自然语言处理详解：基于BERT中文模型的任务实战 / 李福林著. —北京：清华大学出版社，2023.2（2023.9重印）

（计算机技术开发与应用丛书）

ISBN 978-7-302-62853-8

Ⅰ. ①H⋯ Ⅱ. ①李⋯ Ⅲ. ①自然语言处理 Ⅳ. ①TP391

中国国家版本馆CIP数据核字（2023）第035265号

责任编辑：赵佳霓
封面设计：吴　刚
责任校对：李建庄
责任印制：丛怀宇

出版发行：清华大学出版社
　　　网　　　　址：http://www.tup.com.cn, http://www.wqbook.com
　　　地　　　　址：北京清华大学学研大厦 A 座　　　邮　　编：100084
　　　社　总　　机：010-83470000　　　邮　　购：010-62786544
　　　投稿与读者服务：010-62776969，c-service@tup.tsinghua.edu.cn
　　　质　量　反　馈：010-62772015，zhiliang@tup.tsinghua.edu.cn
　　　课　件　下　载：http://www.tup.com.cn,010-83470236
印　装　者：三河市龙大印装有限公司
经　　销：全国新华书店
开　　本：186mm×240mm　　　印　　张：15　　　字　　数：338 千字
版　　次：2023 年 4 月第 1 版　　　印　　次：2023 年 9 月第 2 次印刷
印　　数：2001~3200
定　　价：69.00 元

产品编号：098824-01

前 言
PREFACE

自然语言处理一直作为人工智能领域内的重要难题，历史上无数的科学家付出了巨大的心血对其进行研究。著名的图灵测试本质上也是一个自然语言处理任务。

在深度学习成为主流后，自然语言处理确立了主要的研究方向，尤其是在谷歌提出了Transformer 和 BERT 模型以后，基于预训练模型的方法，已成为自然语言处理研究的主要方向。

随着自然语言处理研究的大跨步前进，问题也随之而来，首要的就是数据集格式缺乏统一规范，往往更换一个数据源，就要做复杂的数据适配工作，从工程角度来讲，这增加了项目的实施风险，作为工程人员有时会想，要是能有一个数据中心，它能把数据都管理起来，提供统一的数据接口就好了。

与数据集相应，预训练模型也缺乏统一的规范，它们往往由不同的实验室提供，每个实验室提供的下载方法都不同，下载之后的使用方法也各有区别，如果能把这些模型的下载方式和使用方式统一，就能极大地方便研究，也能降低项目实施的风险。

基于以上诉求，HuggingFace 社区提供了两套工具集 datasets 和 transformers，分别用于数据集管理和模型管理。基于 HuggingFace 工具集研发能极大地简化代码，把研发人员从细节的海洋中拯救出来，把更多的精力集中在业务本身上。

此外，由于数据集和模型都统一了接口，所以在更换时也非常方便，避免了项目和具体的数据集、模型的强耦合，从而降低了项目实施的风险。

综上所述，HuggingFace 值得所有自然语言处理研发人员学习。本书将使用最简单浅显的语言，快速地讲解 HuggingFace 工具集的使用方法，并通过几个实例来演示使用HuggingFace 工具集研发自然语言处理项目的过程。

通过本书的学习，读者能够快速地掌握 HuggingFace 工具集的使用方法，并且能够使用HuggingFace 研发自己的自然语言处理项目。

本书主要内容

第 1 章介绍 HuggingFace 提出的标准研发流程和提供的工具集。
第 2 章介绍编码工具，包括编码工具的工作过程的示意，以及编码工具的用例。
第 3 章介绍数据集工具，包括数据集仓库和数据集的基本操作。

第 4 章介绍评价指标，包括评价指标的加载和使用方法。

第 5 章介绍管道工具，并演示使用管道工具完成一些常见的自然语言处理任务。

第 6 章介绍训练工具，并演示使用训练工具完成一个情感分类任务。

第 7 章演示第 1 个实战任务，完成一个中文情感分类任务。

第 8 章演示第 2 个实战任务，完成一个中文填空任务。

第 9 章演示第 3 个实战任务，完成一个中文句子关系推断任务。

第 10 章演示第 4 个实战任务，完成一个中文命名实体识别任务。

第 11 章演示使用 TensorFlow 框架完成中文命名实体识别任务。

第 12 章演示使用自动模型完成一个情感分类任务，并阅读源代码深入了解自动模型的工作原理。

第 13 章演示手动实现 Transformer 模型，并完成两个实验性质的翻译任务。

第 14 章演示手动实现 BERT 模型，并演示 BERT 模型的训练过程。

阅读建议

本书是一本对 HuggingFace 工具集的综合性讲解图书，既有基础知识，也有实战示例，还包括底层原理的讲解。

本书尽量以最简洁的语言书写，每个章节之间的内容尽量独立，读者可以跳跃阅读而没有障碍。

作为一本实战性书籍，读者要掌握本书的知识，务必结合代码调试，本书的代码也尽量以最简洁的形式书写，使读者阅读不感吃力。每个代码块即是一个单元测试，读者可以对每个程序的每个代码块按从上到下的顺序测试，从一个个小知识点聚沙成塔，融会贯通。

HuggingFace 支持使用 PyTorch、TensorFlow 等深度学习框架进行计算，本书会以 PyTorch 为主进行讲解。对于使用 TensorFlow 的读者也不用担心，会有单独的一章讲解如何使用 TensorFlow 实现一个具体的例子。项目之间有很多的共同点，只要学会了一个例子，其他的都可以触类旁通。

本书源代码

扫描下方二维码，可获取本书源代码。

本书源代码

本书源代码在以下环境中测试通过,为避免不必要的异常调试,请尽量选择一致的版本。

Python 3.6

transformers 4.18

datasets 2.3

PyTorch 1.10

致谢

感谢我的好友 L,在我写作的过程中始终鼓励、鞭策我,使我有勇气和动力完成本书的写作。

在本书的编写过程中,我虽已竭尽所能为读者呈现最好的内容,但疏漏之处在所难免,敬请读者批评指正。

李福林

2023 年 1 月

目 录
CONTENTS

中文项目实战篇

预训练模型底层原理篇

工具集基础用例演示篇

第1章

HuggingFace 简介

HuggingFace 是一个开源社区，提供了开源的 AI 研发框架、工具集、可在线加载的数据集仓库和预训练模型仓库。

1. 前 HuggingFace 时代的弊端

在前 HuggingFace 时代，AI 系统的研发没有统一的标准，往往凭借研发人员各自的喜好随意设计研发的流程，缺乏统一的规范，设计的质量取决于研发人员个人的经验水平。这增加了项目实施的风险，因为独立设计的研发流程往往没有经历过完整的工程验证，不一定如设想般可行。

另一方面，研发流程设计由研发人员个人设计还有一个弊端：项目和研发人员个人形成了强绑定，容易造成"祖传代码"问题。在项目交接时难度大，后续人员需要完整地学习前人的个人习惯，成本较大，导致很难让后续的研发人员介入。

2. HuggingFace 标准研发流程

由于以上问题的存在，HuggingFace 提出了一套可以依照的标准研发流程，按照该框架实施工程，能够在一定程度上规避以上提出的问题，降低了项目实施的风险及项目和研发人员的耦合度，让后续的研发人员能够更容易地介入，即把 HuggingFace 的标准研发流程变成所有研发人员的公共知识，不需要额外地学习。

HuggingFace 把 AI 项目的研发大致分为以下几部分，如图 1-1 所示。

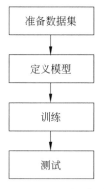

图 1-1　HuggingFace 标准研发流程

HuggingFace 能处理文字、语音和图像数据，由于本书的主题是自然语言处理，所以主要关注文字类任务。

图 1-1 是一个粗略的流程，现在稍微细化这个流程，看一看各个步骤中更具体的内容，针对自然语言处理任务细化的 HuggingFace 标准研发流程，如图 1-2 所示。

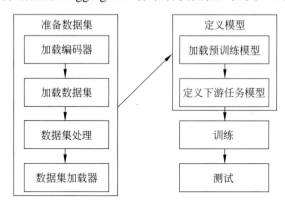

图 1-2　针对自然语言处理任务细化的 HuggingFace 标准研发流程

可以看出，HuggingFace 的标准研发流程和传统的一般项目研发流程很相似，所以 HuggingFace 的学习成本较低，值得所有研发人员学习掌握。

3. HuggingFace 工具集

针对流程中的各个节点，HuggingFace 都提供了很多工具类，能够帮助研发人员快速地实施。HuggingFace 提供的工具集如图 1-3 所示。

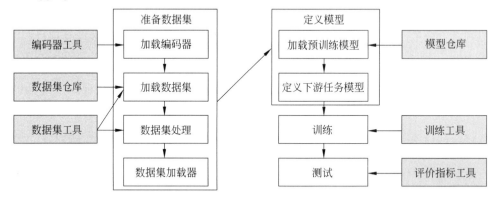

图 1-3　各个步骤 HuggingFace 提供的工具集

从图 1-3 可以看出，HuggingFace 提供的工具集基本囊括了标准流程中的各个步骤，使用 HuggingFace 工具集能够极大地简化代码复杂度，让研发人员能把更多的精力集中在具体的业务问题上，而不是陷入琐碎的细节中。

我们常说这世上不存在"银弹"，针对具体的项目，需要有各自的优化点，正所谓没有最好的，只有最合适的，所以在研发具体的项目时需要灵活应对，但依然应该尽量遵守标准研发流程。

4. HuggingFace 社区活跃度

HuggingFace 的官方主页网址为 https://huggingface.co，访问后可以通过导航访问 HuggingFace 主 GitHub 仓库，截至本书写作时间，已经获得了 68 059 颗星。

包括 Meta、Google、Microsoft、Amazon 在内的超过 5000 家组织机构在为 HuggingFace 开源社区贡献代码、数据集和模型。

HuggingFace 的模型仓库已经共享了超过 60 000 个模型，数据集仓库已经共享了超过 8000 个数据集，基于开源共享的精神，这些资源的使用都是完全免费的。

HuggingFace 代码库也在快速更新中，HuggingFace 开始时以自然语言处理任务为重点，所以 HuggingFace 大多数的模型和数据集也是自然语言处理方向的，但图像和语音的功能模型正在快速更新中，相信未来逐渐会把图像和语音的功能完善并标准化，如同自然语言处理一样。

第 2 章

使用编码工具

2.1 编码工具简介

HuggingFace 提供了一套统一的编码 API，由每个模型各自提交实现。由于统一了 API，所以调用者能快速地使用不同模型的编码工具。

在学习 HuggingFace 的编码工具之前，先看一个示例的编码过程，以理解编码工具的工作过程。

2.2 编码工具工作流示意

1. 定义字典

文字是一个抽象的概念，不是计算机擅长处理的数据单元，计算机擅长处理的是数字运算，所以需要把抽象的文字转换为数字，让计算机能够做数学运算。

为了把抽象的文字数字化，需要一个字典把文字或者词对应到某个数字。一个示意的字典如下：

```
#字典
vocab = {
    '<SOS>': 0,
    '<EOS>': 1,
    'the': 2,
    'quick': 3,
    'brown': 4,
    'fox': 5,
    'jumps': 6,
    'over': 7,
    'a': 8,
    'lazy': 9,
    'dog': 10,
}
```

注意：这只是一个示意的字典，所以只有 11 个词，在实际项目中的字典可能会有成千上万个词。

2. 句子预处理

在句子被分词之前，一般会对句子进行一些特殊的操作，例如把太长的句子截短，或在句子中添加首尾标识符等。

在示例字典中，我们注意到除了一般的词之外，还有一些特殊符号，例如<SOS>和<EOS>，它们分别代表一个句子的开头和结束。把这两个特殊符号添加到句子上，代码如下：

```
#简单编码
sent = 'the quick brown fox jumps over a lazy dog'
sent = '<SOS> ' + sent + ' <EOS>'
print(sent)
```

运行结果如下：

```
<SOS> the quick brown fox jumps over a lazy dog<EOS>
```

3. 分词

现在句子准备好了，接下来需要把句子分成一个一个的词。对于中文来讲，这是个复杂的问题，但是对于英文来讲这个问题比较容易解决，因为英文有自然的分词方式，即以空格来分词，代码如下：

```
#英文分词
words = sent.split()
print(words)
```

运行结果如下：

```
['<SOS>', 'the', 'quick', 'brown', 'fox', 'jumps', 'over', 'a', 'lazy', 'dog',
'<EOS>']
```

可以看到，这个英文的句子已经分成了比较理想的一个一个的单词。

对于中文来讲，分词的问题比较复杂，因为中文所有的字是连在一起写的，不存在一个自然的分隔符号。有很多成熟的工具能够做中文分词，例如 jieba 分词、LTP 分词等，但是在本书中不会使用这些工具，因为 HuggingFace 的编码工具已经包括了分词这一步工作，由各个模型自行实现，对于调用者来讲这些工作是透明的，不需要关心具体的实现细节。

4. 编码

句子已按要求添加了首尾标识符，并且分割成了一个一个的单词，现在需要把这些抽象的单词映射为数字。因为已经定义好了字典，所以使用字典就可以把每个单词分别地映射为数字，代码如下：

```
#编码为数字
```

```
encode = [vocab[i] for i in words]
print(encode)
```

运行结果如下：

```
[0, 2, 3, 4, 5, 6, 7, 8, 9, 10, 1]
```

以上是一个示例的编码的工作流程，经历了定义字典、句子预处理、分词、编码4个步骤，见表2-1。

表 2-1 编码工作的流程示意

定义字典	<SOS>	<EOS>	the	quick	brown	fox	jumps	over	a	lazy	dog
	0	1	2	3	4	5	6	7	8	9	10
原句子	the quick brown fox jumps over a lazy dog										
句子预处理	<SOS> the quick brown fox jumps over a lazy dog <EOS>										
分词	<SOS>	the	quick	brown	fox	jumps	over	a	lazy	dog	<EOS>
编码	0	2	3	4	5	6	7	8	9	10	1

2.3 使用编码工具

经过以上示例，可以知道编码的过程中要经历哪些工作步骤了。现在就来看一看如何使用 HuggingFace 提供的编码工具。

1. 加载编码工具

首先需要加载一个编码工具，这里使用 bert-base-chinese 的实现，代码如下：

```
#第2章/加载编码工具
from transformers import BertTokenizer
tokenizer = BertTokenizer.from_pretrained(
    pretrained_model_name_or_path='bert-base-chinese',
    cache_dir=None,
    force_download=False,
)
```

参数 pretrained_model_name_or_path='bert-base-chinese'指定要加载的编码工具，大多数模型会把自己提交的编码工具命名为和模型一样的名字。

模型和它的编码工具通常是成对使用的，不会出现张冠李戴的情况，建议调用者也遵从习惯，成对使用。

参数 cache_dir 用于指定编码工具的缓存路径，这里指定为 None（默认值），也可以指定想要的缓存路径。

参数 force_download 为 True 时表明无论是否已经有本地缓存，都强制执行下载工作。

建议设置为 False。

2. 准备实验数据

现在有了一个编码工具,让我们来准备一些句子,以测试编码工具,代码如下:

```
#第2章/准备实验数据
sents = [
    '你站在桥上看风景',
    '看风景的人在楼上看你',
    '明月装饰了你的窗子',
    '你装饰了别人的梦',
]
```

这是一些中文的句子,后面会用这几个句子做一些实验。

3. 基本的编码函数

首先从一个基本的编码方法开始,代码如下:

```
#第2章/基本的编码函数
out = tokenizer.encode(
    text=sents[0],
    text_pair=sents[1],
    #当句子长度大于max_length时截断
    truncation=True,
    #一律补PAD,直到max_length长度
    padding='max_length',
    add_special_tokens=True,
    max_length=25,
    return_tensors=None,
)
print(out)
print(tokenizer.decode(out))
```

这里调用了编码工具的 encode() 函数,这是最基本的编码函数,一次编码一个或者一对句子,在这个例子中,编码了一对句子。

不是每个编码工具都有编码一对句子的功能,具体取决于不同模型的实现。在 BERT 中一般会编码一对句子,这和 BERT 的训练方式有关系,具体可参见第 14 章。

(1)参数 text 和 text_pair 分别为两个句子,如果只想编码一个句子,则可让 text_pair 传 None。

(2)参数 truncation=True 表明当句子长度大于 max_length 时,截断句子。

(3)参数 padding= 'max_length'表明当句子长度不足 max_length 时,在句子的后面补充 PAD,直到 max_length 长度。

(4)参数 add_special_tokens=True 表明需要在句子中添加特殊符号。

(5)参数 max_length=25 定义了 max_length 的长度。

（6）参数 return_tensors=None 表明返回的数据类型为 list 格式，也可以赋值为 tf、pt、np，分别表示 TensorFlow、PyTorch、NumPy 数据格式。

运行结果如下：

```
[101, 872, 4991, 1762, 3441, 677, 4692, 7599, 3250, 102, 4692, 7599, 3250,
4638, 782, 1762, 3517, 677, 4692, 872, 102, 0, 0, 0, 0]
 [CLS] 你 站 在 桥 上 看 风 景 [SEP] 看 风 景 的 人 在 楼 上 看 你 [SEP] [PAD] [PAD]
[PAD] [PAD]
```

可以看到编码的输出为一个数字的 list，这里使用了编码工具的 decode() 函数把这个 list 还原为分词前的句子。这样就可以看出编码工具对句子做了哪些预处理工作。

从输出可以看出，编码工具把两个句子前后拼接在一起，中间使用[SEP]符号分隔，在整个句子的头部添加符号[CLS]，在整个句子的尾部添加符号[SEP]，因为句子的长度不足 max_length，所以补充了 4 个[PAD]。

另外从空格的情况也能看出，编码工具把每个字作为一个词。因为每个字之间都有空格，表明它们是不同的词，所以在 BERT 的实现中，中文分词处理比较简单，就是把每个字都作为一个词来处理。

4. 进阶的编码函数

完成了上面最基础的编码函数，现在来看一个稍微复杂的编码函数，代码如下：

```python
#第 2 章/进阶的编码函数
out = tokenizer.encode_plus(
    text=sents[0],
    text_pair=sents[1],
    #当句子长度大于 max_length 时截断
    truncation=True,
    #一律补零,直到 max_length 长度
    padding='max_length',
    max_length=25,
    add_special_tokens=True,
    #可取值 tf、pt、np,默认为返回 list
    return_tensors=None,
    #返回 token_type_ids
    return_token_type_ids=True,
    #返回 attention_mask
    return_attention_mask=True,
    #返回 special_tokens_mask 特殊符号标识
    return_special_tokens_mask=True,
    #返回 length 标识长度
    return_length=True,
)
#input_ids 编码后的词
```

```
#token_type_ids 第1个句子和特殊符号的位置是0,第2个句子的位置是1
#special_tokens_mask 特殊符号的位置是1,其他位置是0
#attention_mask PAD 的位置是0,其他位置是1
#length 返回句子长度
for k, v in out.items():
    print(k, ':', v)
tokenizer.decode(out['input_ids'])
```

和之前不同，这里调用了 encode_plus()函数，这是一个进阶版的编码函数，它会返回更加复杂的编码结果。和 encode()函数一样，encode_plus()函数也可以编码一个句子或者一对句子，在这个例子中，编码了一对句子。

参数 return_token_type_ids、return_attention_mask、return_special_tokens_mask、return_length 表明需要返回相应的编码结果，如果指定为 False，则不会返回对应的内容。

运行结果如下：

```
input_ids : [101, 872, 4991, 1762, 3441, 677, 4692, 7599, 3250, 102, 4692,
7599, 3250, 4638, 782, 1762, 3517, 677, 4692, 872, 102, 0, 0, 0, 0]
token_type_ids : [0, 0, 0, 0, 0, 0, 0, 0, 0, 0, 1, 1, 1, 1, 1, 1, 1, 1, 1,
1, 1, 0, 0, 0, 0]
special_tokens_mask : [1, 0, 0, 0, 0, 0, 0, 0, 0, 1, 0, 0, 0, 0, 0, 0, 0, 0,
0, 0, 1, 1, 1, 1, 1]
attention_mask : [1, 1, 1, 1, 1, 1, 1, 1, 1, 1, 1, 1, 1, 1, 1, 1, 1, 1, 1,
1, 1, 0, 0, 0, 0]
length : 25
'[CLS] 你 站 在 桥 上 看 风 景 [SEP] 看 风 景 的 人 在 楼 上 看 你 [SEP] [PAD] [PAD]
[PAD] [PAD]'
```

首先看最后一行，这里把编码结果中的 input_ids 还原为文字形式，可以看到经过预处理的原文本。预处理的内容和 encode()函数一致。

这次编码的结果和 encode()函数不一样的地方在于这次返回的不是一个简单的 list，而是 4 个 list 和 1 个数字，见表 2-2。

表 2-2 进阶的编码函数结果

句 子	input_ids	token_type_ids	special_tokens_mask	attention_mask	length
[CLS]	101	0	1	1	25
你	872	0	0	1	
站	4991	0	0	1	
在	1762	0	0	1	
桥	3441	0	0	1	
上	677	0	0	1	

续表

句　　子	input_ids	token_type_ids	special_tokens_mask	attention_mask	length
看	4692	0	0	1	
风	7599	0	0	1	
景	3250	0	0	1	
[SEP]	102	0	1	1	
看	4692	1	0	1	
风	7599	1	0	1	
景	3250	1	0	1	
的	4638	1	0	1	
人	782	1	0	1	
在	1762	1	0	1	
楼	3517	1	0	1	
上	677	1	0	1	
看	4692	1	0	1	
你	872	1	0	1	
[SEP]	102	1	1	1	
[PAD]	0	0	1	0	
[PAD]	0	0	1	0	
[PAD]	0	0	1	0	
[PAD]	0	0	1	0	

接下来对编码的结果分别进行说明。

（1）输出 input_ids：编码后的词，也就是 encode()函数的输出。

（2）输出 token_type_ids：因为编码的是两个句子，这个 list 用于表明编码结果中哪些位置是第 1 个句子，哪些位置是第 2 个句子。具体表现为，第 2 个句子的位置是 1，其他位置是 0。

（3）输出 special_tokens_mask：用于表明编码结果中哪些位置是特殊符号，具体表现为，特殊符号的位置是 1，其他位置是 0。

（4）输出 attention_mask：用于表明编码结果中哪些位置是 PAD。具体表现为，PAD 的位置是 0，其他位置是 1。

（5）输出 length：表明编码后句子的长度。

5. 批量的编码函数

以上介绍的函数，都是一次编码一对或者一个句子，在实际工程中需要处理的数据往往是成千上万的，为了提高效率，可以使用 batch_encode_plus ()函数批量地进行数据处理，代码如下：

```
#第2章/批量编码成对的句子
out = tokenizer.batch_encode_plus(
    #编码成对的句子
    batch_text_or_text_pairs=[(sents[0], sents[1]), (sents[2], sents[3])],
    add_special_tokens=True,
    #当句子长度大于max_length时截断
    truncation=True,
    #一律补零,直到max_length长度
    padding='max_length',
    max_length=25,
    #可取值tf、pt、np,默认为返回list
    return_tensors=None,
    #返回token_type_ids
    return_token_type_ids=True,
    #返回attention_mask
    return_attention_mask=True,
    #返回special_tokens_mask 特殊符号标识
    return_special_tokens_mask=True,
    #返回offsets_mapping 标识每个词的起止位置,这个参数只能BertTokenizerFast使用
    #return_offsets_mapping=True,
    #返回length 标识长度
    return_length=True,
)
#input_ids 编码后的词
#token_type_ids 第1个句子和特殊符号的位置是0,第2个句子的位置是1
#special_tokens_mask 特殊符号的位置是1,其他位置是0
#attention_mask PAD的位置是0,其他位置是1
#length 返回句子长度
for k, v in out.items():
    print(k, ':', v)
tokenizer.decode(out['input_ids'][0])
```

参数 batch_text_or_text_pairs 用于编码一批句子，示例中为成对的句子，如果需要编码的是一个一个的句子，则修改为如下的形式即可。

```
batch_text_or_text_pairs=[sents[0], sents[1]]
```

运行结果如下：

```
input_ids : [[101, 872, 4991, 1762, 3441, 677, 4692, 7599, 3250, 102, 4692,
7599, 3250, 4638, 782, 1762, 3517, 677, 4692, 872, 102, 0, 0, 0, 0], [101, 21128,
21129, 749, 872, 4638, 21130, 102, 872, 21129, 749, 1166, 782, 4638, 3457, 102,
0, 0, 0, 0, 0, 0, 0, 0, 0]]
token_type_ids : [[0, 0, 0, 0, 0, 0, 0, 0, 0, 0, 1, 1, 1, 1, 1, 1, 1, 1, 1,
```

```
1, 1, 0, 0, 0, 0], [0, 0, 0, 0, 0, 0, 0, 0, 1, 1, 1, 1, 1, 1, 1, 1, 0, 0, 0, 0,
0, 0, 0, 0, 0]]
    special_tokens_mask : [[1, 0, 0, 0, 0, 0, 0, 0, 0, 1, 0, 0, 0, 0, 0, 0, 0,
0, 0, 0, 1, 1, 1, 1, 1], [1, 0, 0, 0, 0, 0, 0, 1, 0, 0, 0, 0, 0, 0, 0, 1, 1, 1,
1, 1, 1, 1, 1, 1, 1]]
    length : [21, 16]
    attention_mask : [[1, 1, 1, 1, 1, 1, 1, 1, 1, 1, 1, 1, 1, 1, 1, 1, 1, 1, 1,
1, 1, 0, 0, 0, 0], [1, 1, 1, 1, 1, 1, 1, 1, 1, 1, 1, 1, 1, 1, 1, 1, 0, 0, 0, 0,
0, 0, 0, 0, 0]]
    '[CLS] 你 站 在 桥 上 看 风 景 [SEP] 看 风 景 的 人 在 楼 上 看 你 [SEP] [PAD] [PAD]
[PAD] [PAD]'
```

可以看到，这里的输出都是二维的 list 了，表明这是一个批量的编码。这个函数在后续章节中会多次用到。

6. 对字典的操作

到这里，已经掌握了编码工具的基本使用，接下来看一看如何操作编码工具中的字典。首先查看字典，代码如下：

```
#第 2 章/获取字典
vocab = tokenizer.get_vocab()
type(vocab), len(vocab), '明月' in vocab
```

运行后输出如下：

```
(dict, 21128, False)
```

可以看到，字典本身是个 dict 类型的数据。在 BERT 的字典中，共有 21 128 个词，并且"明月"这个词并不存在于字典中。

既然"明月"并不存在于字典中，可以把这个新词添加到字典中，代码如下：

```
#第 2 章/添加新词
tokenizer.add_tokens(new_tokens=['明月', '装饰', '窗子'])
```

这里添加了 3 个新词，分别为"明月""装饰"和"窗子"。也可以添加新的符号，代码如下：

```
#第 2 章/添加新符号
tokenizer.add_special_tokens({'eos_token': '[EOS]'})
```

接下来试试用添加了新词的字典编码句子，代码如下：

```
#第 2 章/编码新添加的词
out=tokenizer.encode(
    text='明月装饰了你的窗子[EOS]',
    text_pair=None,
    #当句子长度大于max_length时截断
```

```
        truncation=True,
        #一律补PAD,直到max_length长度
        padding='max_length',
        add_special_tokens=True,
        max_length=10,
        return_tensors=None,
)
print(out)
tokenizer.decode(out)
```

输出如下：

```
[101, 21128, 21129, 749, 872, 4638, 21130, 21131, 102, 0]
'[CLS] 明月 装饰 了 你 的 窗子 [EOS] [SEP] [PAD]'
```

可以看到，"明月"已经被识别为一个词，而不是两个词，新的特殊符号[EOS]也被正确识别。

2.4　小结

本章讲解了编码的工作流程，分为定义字典、句子预处理、分词、编码等步骤；使用了HuggingFace 编码工具的基本编码函数和批量编码函数，并对编码结果进行了解读；查看了HuggingFace 编码工具的字典，并且能向字典添加新词。

使用数据集工具

3.1 数据集工具介绍

在以往的自然语言处理任务中会花费大量的时间在数据处理上，针对不同的数据集往往需要不同的处理过程，各个数据集的格式差异大，处理起来复杂又容易出错。针对以上问题，HuggingFace 提供了统一的数据集处理工具，让开发者在处理各种不同的数据集时可以通过统一的 API 处理，大大降低了数据处理的工作量。

登录 HuggingFace 官网，单击顶部的 Datasets，即可看到 HuggingFace 提供的数据集，如图 3-1 所示。

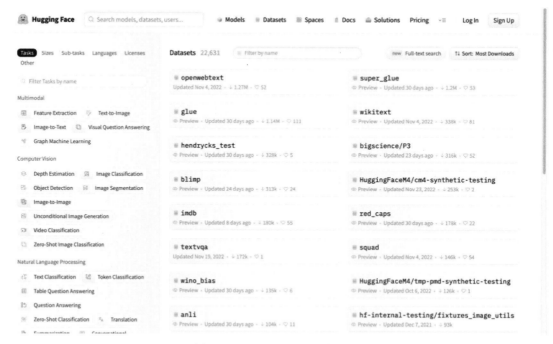

图 3-1　HuggingFace 数据集页面

在该界面左侧可以根据不同的任务类型、语言、体积、使用许可来筛选数据集，右侧为具体的数据集列表，其中有经典的 glue、super_glue 数据集，问答数据集 squad，情感分类数据集 imdb，纯文本数据集 wikitext。

单击具体的某个数据集，进入数据集的详情页面，可以看到数据集的概要信息。以 glue 数据集为例，在详情页可以看到 glue 的各个数据子集的概要内容，每个数据子集的下方可能会有作者写的说明信息，如图 3-2 所示。

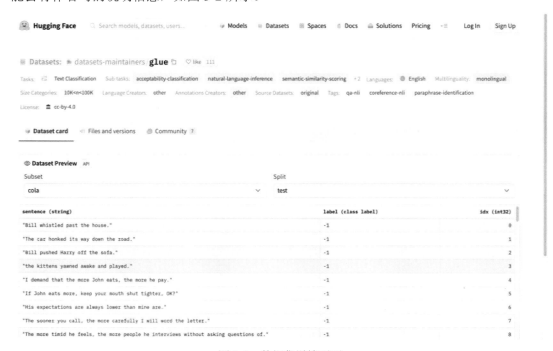

图 3-2　数据集详情页面

不要担心，你不需要熟悉所有的数据集，这些数据集大多是英文的，本书重点关注中文的数据集。出于简单起见，本书只会使用几个简单的数据集来完成后续的实战任务，具体可参看接下来的代码演示。

3.2　使用数据集工具

3.2.1　数据集加载和保存

1. 在线加载数据集

使用 HuggingFace 数据集工具加载数据往往只需一行代码，以加载名为 seamew/ChnSentiCorp 数据集为例，代码如下：

```
#第 3 章/加载数据集
from datasets import load_dataset
```

```
dataset = load_dataset(path='seamew/ChnSentiCorp')
dataset
```

注意： 由于HuggingFace把数据集存储在谷歌云盘上，在国内加载时可能会遇到网络问题，所以本书的配套资源中已经提供了保存好的数据文件，使用 load_from_disk()函数加载即可。关于load_from_disk()函数可参见本章"从本地磁盘加载数据集"一节。

可以看到，要加载一个数据集是很简单的，使用 load_dataset()函数，把数据集的名字作为参数传入即可。运行结果如下：

```
DatasetDict({
    train: Dataset({
        features: ['text', 'label'],
        num_rows: 9600
    })
    validation: Dataset({
        features: ['text', 'label'],
        num_rows: 0
    })
    test: Dataset({
        features: ['text', 'label'],
        num_rows: 1200
    })
})
```

可以看到 seamew/ChnSentiCorp 共分为3部分，分别为 train、validation 和 test，分别代表训练集、验证集和测试集，并且每条数据有两个字段，即 text 和 label，分别代表文本和标签。

还可以看到3部分分别的数据量，其中验证集的数据量为0条，说明虽然作者切分出了验证集这部分，但并没有向其中分配数据，这是一个空的部分。

加载数据集的 load_dataset()函数还有一些其他参数，通过下面这个例子说明，代码如下：

```
#第3章/加载glue数据集
load_dataset(path='glue', name='sst2', split='train')
```

这里加载了经典的 glue 数据集，熟悉 glue 的读者可能已经知道 glue 分了很多数据子集，可以以参数 name 指定要加载的数据子集，在上面的例子中加载了 sst2 数据子集。

还可以使用参数 split 直接指定要加载的数据部分，在上面的例子中加载了数据的 train 部分。

运行结果如下：

```
Dataset({
    features: ['sentence', 'label', 'idx'],
    num_rows: 67349
```

```
})
```

可以看到,glue 的 sst2 数据子集的 train 部分有 67 349 条数据,每条数据都具有 sentence、label 和 idx 字段。

2. 将数据集保存到本地磁盘

加载了数据集后,可以使用 save_to_disk()函数将数据集保存到本地磁盘,代码如下:

```
#第3章/将数据集保存到磁盘
dataset.save_to_disk(
    dataset_dict_path='./data/ChnSentiCorp')
```

3. 从本地磁盘加载数据集

保存到磁盘以后可以使用 load_from_disk()函数加载数据集,代码如下:

```
#第3章/从磁盘加载数据集
from datasets import load_from_disk
dataset = load_from_disk('./data/ChnSentiCorp')
```

3.2.2 数据集基本操作

1. 取出数据部分

为了便于做后续的实验,这里取出数据集的 train 部分,代码如下:

```
#使用 train 数据子集做后续的实验
dataset = dataset['train']
```

2. 查看数据内容

可以查看部分数据样例,代码如下:

```
#第3章/查看数据样例
for i in [12, 17, 20, 26, 56]:
    print(dataset[i])
```

运行结果如下:

```
{'text': '轻便,方便携带,性能也不错,能满足平时的工作需要,对出差人员来讲非常不错',
'label': 1}
{'text': '很好的地理位置,一塌糊涂的服务,萧条的酒店。', 'label': 0}
{'text': '非常不错,服务很好,位于市中心区,交通方便,不过价格也高!', 'label': 1}
{'text': '跟住招待所没什么太大区别。绝对不会再住第 2 次的酒店!', 'label': 0}
{'text': '价格太高,性价比不够好。我觉得今后还是去其他酒店比较好。', 'label': 0}
```

到这里,可以看出数据是什么内容了,这是一份购物和消费评论数据,字段 text 表示消费者的评论,字段 label 表明这是一段好评还是差评。

3. 数据排序

可以使用 sort()函数让数据按照某个字段排序，代码如下：

```
#第3章/排序数据
#数据中的 label 是无序的
print(dataset['label'][:10])
#让数据按照 label 排序
sorted_dataset = dataset.sort('label')
print(sorted_dataset['label'][:10])
print(sorted_dataset['label'][-10:])
```

运行结果如下：

```
[1, 1, 0, 0, 1, 0, 0, 0, 1, 1]
[0, 0, 0, 0, 0, 0, 0, 0, 0, 0]
[1, 1, 1, 1, 1, 1, 1, 1, 1, 1]
```

可以看到，初始数据是乱序的，使用 sort()函数后，数据按照 label 排列为有序的了。

4. 打乱数据

和 sort()函数相对应，可以使用 shuffle()函数再次打乱数据，代码如下：

```
#第3章/打乱数据顺序
shuffled_dataset=sorted_dataset.shuffle(seed=42)
shuffled_dataset['label'][:10]
```

运行结果如下：

```
[0, 1, 0, 0, 1, 0, 1, 0, 1, 0]
```

可以看到，数据再次被打乱为无序。

5. 数据抽样

可以使用 select()函数从数据集中选择某些数据，代码如下：

```
#第3章/从数据集中选择某些数据
dataset.select([0, 10, 20, 30, 40, 50])
```

运行结果如下：

```
Dataset({
    features: ['text', 'label'],
    num_rows: 6
})
```

选择出的数据会再次组装成一个数据子集，使用这种方法可以实现数据抽样。

6. 数据过滤

使用 filter()函数可以按照自定义的规则过滤数据，代码如下：

```
#第3章/过滤数据
def f(data):
    return data['text'].startswith('非常不错')
dataset.filter(f)
```

filter()函数接受一个函数作为参数，在该函数中确定过滤数据的条件，在上面的例子中数据过滤的条件是评价以"非常不错"开头，运行结果如下：

```
Dataset({
    features: ['text', 'label'],
    num_rows: 13
})
```

可以看到，满足评价以"非常不错"开头的数据共有 13 条。

7. 训练测试集拆分

可以使用 train_test_split()函数将数据集切分为训练集和测试集，代码如下：

```
#第3章/切分训练集和测试集
dataset.train_test_split(test_size=0.1)
```

参数 test_size 表明测试集占数据总体的比例，例子中占 10%，可知训练集占 90%，运行结果如下：

```
DatasetDict({
    train: Dataset({
        features: ['text', 'label'],
        num_rows: 8640
    })
    test: Dataset({
        features: ['text', 'label'],
        num_rows: 960
    })
})
```

可以看到，数据集被切分为 train 和 test 两部分，并且两部分数据量的比例满足 9:1。

8. 数据分桶

可以使用 shared ()函数把数据均匀地分为 n 部分，代码如下：

```
#第3章/数据分桶
dataset.shard(num_shards=4, index=0)
```

（1）参数 num_shards 表明要把数据均匀地分为几部分，例子中分为 4 部分。

（2）参数 index 表明要取出第几份数据，例子中为取出第 0 份。

运行结果如下：

```
Dataset({
```

```
    features: ['text', 'label'],
        num_rows: 2400
})
```

因为原数据集数量为 9600 条,均匀地分为 4 份后每一份是 2400 条,和上面的输出一致。

9. 重命名字段

使用 rename_column()函数可以重命名字段,代码如下:

```
#第 3 章/字段重命名
dataset.rename_column('text', 'text_rename')
```

运行结果如下:

```
Dataset({
    features: ['text_rename', 'label'],
        num_rows: 9600
})
```

原始字段 text 现在已经被重命名为 text_rename。

10. 删除字段

使用 remove_columns()函数可以删除字段,代码如下:

```
#第 3 章/删除字段
dataset.remove_columns(['text'])
```

运行结果如下:

```
Dataset({
    features: ['label'],
        num_rows: 9600
})
```

可以看到字段 text 现在已经被删除。

11. 映射函数

有时希望对数据集总体做一些修改,可以使用 map()函数遍历数据,并且对每条数据都进行修改,代码如下:

```
#第 3 章/应用函数
def f(data):
    data['text'] = 'My sentence: ' + data['text']
    return data
maped_datatset = dataset.map(f)
print(dataset['text'][20])
print(maped_datatset['text'][20])
```

map()函数是很强大的一个函数,map()函数以一个函数作为入参,在该函数中确定要对数据进行的修改，可以是对数据本身的修改，例如例子中的代码就是对 text 字段增加了一个前缀，也可以进行增加字段、删除字段、修改数据格式等操作，运行结果如下：

> 非常不错,服务很好,位于市中心区,交通方便,不过价格也高!
> My sentence: 非常不错,服务很好,位于市中心区,交通方便,不过价格也高!

经过 map()函数的映射后 text 字段多了一个前缀，而原始数据则没有。

12. 使用批处理加速

在使用过滤和映射这类需要使用一个函数遍历数据集的方法时，可以使用批处理减少函数调用的次数，从而达到加速处理的目的。在默认情况下是不使用批处理的，由于每条数据都需要调用一次函数，所以函数调用的次数等于数据集中数据的条数，如果数据的数量很多，则需要调用很多次函数。使用批处理函数，能够一批一批地处理数据，让函数调用的次数大大减少，代码如下：

```
#第3章/使用批处理加速
def f(data):
    text=data['text']
    text=['My sentence: ' + i for i in text]
    data['text']=text
    return data
maped_datatset=dataset.map(function=f,
                           batched=True,
                           batch_size=1000,
                           num_proc=4)
print(dataset['text'][20])
print(maped_datatset['text'][20])
```

在这段代码中，调用了数据集的 map()函数，对数据进行了映射操作，但这次除了数据处理函数之外，还额外传入了很多参数，下面对这些参数进行讲解。

（1）参数 batched=True 和 batch_size=1000：表示以 1000 条数据为一个批次进行一次处理，这将把函数执行的次数削减约 1000 倍，提高了运行效率，但同时对内存会提出更高的要求，读者需要结合自己的运算设备调节合适的值，通常来讲，1000 是个合适的值。

（2）参数 num_proc=4：表示在 4 条线程上执行该任务，同样是和性能相关的参数，读者可以结合自己的运算设备调节该值，一般设置为 CPU 核心数量。

当使用批处理处理数据时，每次传入处理函数的就不是一条数据了，而是一个批次的数据。在上面的例子中，一个批次为 1000 条数据，在编写处理函数时需要注意，以上代码的运行结果如下：

> 非常不错,服务很好,位于市中心区,交通方便,不过价格也高!
> My sentence: 非常不错,服务很好,位于市中心区,交通方便,不过价格也高!

可以看到，数据处理的结果和使用单条数据映射时的结果一致，使用批处理仅仅是性能上的考量，不会影响数据处理的结果。

13. 设置数据格式

使用 set_format()函数修改数据格式，代码如下：

```
#第3章/设置数据格式
dataset.set_format(type='torch', columns=['label'], output_all_columns=
True)
dataset[20]
```

（1）参数 type 表明要修改为的数据类型，常用的取值有 numpy、torch、tensorflow、pandas 等。

（2）参数 columns 表明要修改格式的字段。

（3）参数 output_all_columns 表明是否要保留其他字段，设置为 True 表明要保留。

运行结果如下：

```
{'label': tensor(1), 'text': '非常不错,服务很好,位于市中心区,交通方便,不过价格
也高! '}
```

字段 label 已经被修改为 PyTorch 的 Tensor 格式。

3.2.3　将数据集保存为其他格式

1. 将数据保存为 CSV 格式

可以把数据集保存为 CSV 格式，便于分享，同时数据集工具也有加载 CSV 格式数据的方法，代码如下：

```
#第3章/导出为CSV格式
dataset = load_dataset(path='seamew/ChnSentiCorp', split='train')
dataset.to_csv(path_or_buf='./data/ChnSentiCorp.csv')
#加载CSV格式数据
csv_dataset = load_dataset(path='csv',
                           data_files='./data/ChnSentiCorp.csv',
                           split='train')
csv_dataset[20]
```

运行结果如下：

```
{'Unnamed: 0': 20, 'text': '非常不错,服务很好,位于市中心区,交通方便,不过价格也
高! ', 'label': 1}
```

可以看到，保存为 CSV 格式后再加载，多了一个 Unnamed 字段，在这一列中实际保存的是数据的序号，这和保存的 CSV 文件内容有关系。如果不想要这一列，则可以直接到 CSV 文件去删除第 1 列，删除时可以使用数据集的删除列功能，在此不再赘述。

2. 保存数据为 JSON 格式

除了可以保存为 CSV 格式外，也可以保存为 JSON 格式，方法和 CSV 格式大同小异，代码如下：

```
#第3章/导出为 JSON 格式
dataset=load_dataset(path='seamew/ChnSentiCorp', split='train')
dataset.to_json(path_or_buf='./data/ChnSentiCorp.json')
#加载 JSON 格式数据
json_dataset=load_dataset(path='json',
                          data_files='./data/ChnSentiCorp.json',
                          split='train')
json_dataset[20]
```

运行结果如下：

```
{'text': '非常不错，服务很好，位于市中心区，交通方便，不过价格也高！', 'label': 1}
```

可以看到，保存为 JSON 格式并不存在多列的问题。

3.3 小结

本章讲解了 HuggingFace 数据集工具的使用，包括数据的加载、保存、查看、排序、抽样、过滤、拆分、映射、列重命名等操作。

使用评价指标工具

4.1 评价指标工具介绍

在训练和测试一个模型时往往需要计算不同的评价指标，如正确率、查准率、查全率、F1 值等，具体需要的指标往往和处理的数据集、任务类型有关。HuggingFace 提供了统一的评价指标工具，能够将具体的计算过程隐藏，调用者只需提供计算结果，由评价指标工具给出评价指标。

4.2 使用评价指标工具

1. 列出可用的评价指标

使用 list_metrics()函数可获取可用的评价指标列表，代码如下：

```
#第 4 章/列出可用的评价指标
from datasets import list_metrics
metrics_list = list_metrics()
len(metrics_list), metrics_list[:5]
```

运行结果如下：

```
(51, ['accuracy', 'bertscore', 'bleu', 'bleurt', 'cer'])
```

可以看到，共有 51 个可用的评价指标，为了节省篇幅，这里只打印前 5 个。

2. 加载一个评价指标

使用 load_metric()函数加载一个评价指标。评价指标往往和对应的数据集配套使用，此处以 glue 数据集的 mrpc 子集为例，代码如下：

```
#第 4 章/加载一个评价指标
from datasets import load_metric
metric = load_metric(path='glue', config_name='mrpc')
```

可以看到，加载一个评价指标和加载一个数据集一样简单。将对应数据集和子集的名字输入 load_metric()函数即可得到对应的评价指标，但并不是每个数据集都有对应的评价指标，在实际使用时以满足需要为准则选择合适的评价指标即可。

3. 获取评价指标的使用说明

评价指标的 inputs_description 属性为一段文本,描述了评价指标的使用方法,不同的评价指标需要的输入往往是不同的,代码如下:

```
print(metric.inputs_description)
```

该输出的内容很长,包括了对此评价指标的介绍,要求输入格式的说明,输出指标的说明,以及部分示例代码,此处截选部分内容如下:

```
>>> glue_metric=datasets.load_metric('glue', 'mrpc')  #'mrpc' or 'qqp'
>>> references=[0, 1]
>>> predictions=[0, 1]
>>> results=glue_metric.compute(predictions=predictions, references=
references)
>>> print(results)
    {'accuracy': 1.0, 'f1': 1.0}
```

这是一段示例代码,其中很清晰地给出了此评价指标的使用方法。

4. 计算评价指标

按照上面的示例代码,可以实际地计算此评价指标,代码如下:

```
#第4章/计算一个评价指标
predictions=[0, 1, 0]
references=[0, 1, 1]
metric.compute(predictions=predictions, references=references)
```

运行结果如下:

```
{'accuracy': 0.6666666666666666, 'f1': 0.6666666666666666}
```

可以看到,这个评价指标的计算输出包括了正确率和 F1 值。

4.3 小结

本章讲解了 HuggingFace 评价指标工具的使用,在实际使用时评价指标工具往往和训练工具一起使用,能够随着训练步骤进行,同时监控评价指标,以确定模型确实正向着一个理想的目标进步。

第 5 章

使用管道工具

5.1 管道工具介绍

HuggingFace 有一个巨大的模型库，其中一些是已经非常成熟的经典模型，这些模型即使不进行任何训练也能直接得出比较好的预测结果，也就是常说的 Zero Shot Learning。

使用管道工具时，调用者需要做的只是告诉管道工具要进行的任务类型，管道工具会自动分配合适的模型，直接给出预测结果，如果这个预测结果对于调用者已经可以满足需求，则不再需要再训练。

管道工具的 API 非常简洁，隐藏了大量复杂的底层代码，即使是非专业人员也能轻松使用。

5.2 使用管道工具

5.2.1 常见任务演示

1. 文本分类

使用管道工具处理文本分类任务，代码如下：

```
#第5章/文本分类
from transformers import pipeline
classifier = pipeline("sentiment-analysis")
result = classifier("I hate you")[0]
print(result)
result = classifier("I love you")[0]
print(result)
```

可以看到，使用管道工具的代码非常简洁，把任务类型输入 pipeline() 函数中，返回值即为能执行具体预测任务的 classifier 对象，如果向具体的句子输入该对象，则会返回具体的预测结果。示例代码中预测了 I hate you 和 I love you 两句话的情感分类，运行结果如下：

```
{'label': 'NEGATIVE', 'score': 0.9991129040718079}
```

```
{'label': 'POSITIVE', 'score': 0.9998656511306763}
```

从运行结果可以看到，I hate you 和 I love you 两句话的情感分类结果分别为 NEGATIVE 和 POSITIVE，并且分数都高于 0.99，可见模型对预测结果的信心很强。

2. 阅读理解

使用管道工具处理阅读理解任务，代码如下：

```
#第 5 章/阅读理解
from transformers import pipeline
question_answerer=pipeline("question-answering")
context=r"""
Extractive Question Answering is the task of extracting an answer from a text
given a question. An example of a
question answering dataset is the SQuAD dataset, which is entirely based on
that task. If you would like to fine-tune
a model on a SQuAD task, you may leverage the examples/PyTorch/question-
answering/run_squad.py script.
    """
result=question_answerer(
    question="What is extractive question answering?",
    context=context,
)
print(result)
result=question_answerer(
    question="What is a good example of a question answering dataset?",
    context=context,
)
print(result)
```

在这段代码中，首先以 question-answering 为参数调用了 pipeline()函数，得到了 question_answerer 对象。context 是一段文本，也是模型需要阅读理解的目标，把 context 和关于 context 的一个问题同时输入 question_answerer 对象中，即可得到相应的答案。

注意：问题的答案必须在 context 中出现过，因为模型的计算过程是从 context 中找出问题的答案，所以如果问题的答案不在 context 中，则模型不可能找到答案。

运行结果如下：

```
{'score': 0.6177279949188232, 'start': 34, 'end': 95, 'answer': 'the task of
extracting an answer from a text given a question'}
{'score': 0.5152303576469421, 'start': 148, 'end': 161, 'answer': 'SQuAD
dataset'}
```

在示例代码中问了关于 context 的两个问题，所以此处得到了两个答案。

第 1 个问题翻译成中文是"什么是抽取式问答？"，模型给出的答案翻译成中文是"从给定文本中提取答案的任务"。

第2个问题翻译成中文是"问答数据集的一个好例子是什么?",模型给出的答案翻译成中文是"SQuAD 数据集"。

3. 完形填空

使用管道工具处理完形填空任务,代码如下:

```
#第5章/完形填空
from transformers import pipeline
unmasker=pipeline("fill-mask")
from pprint import pprint
sentence='HuggingFace is creating a <mask> that the community uses to solve
NLP tasks.'
unmasker(sentence)
```

在这段代码中,sentence 是一个句子,其中某些词被<mask>符号替代了,表明这是需要让模型填空的空位,运行结果如下:

```
[{'score': 0.17927466332912445,
  'token': 3944,
  'token_str': ' tool',
  'sequence': 'HuggingFace is creating a tool that the community uses to solve
NLP tasks.'},
 {'score': 0.11349395662546158,
  'token': 7208,
  'token_str': ' framework',
  'sequence': 'HuggingFace is creating a framework that the community uses
to solve NLP tasks.'},
 {'score': 0.05243551731109619,
  'token': 5560,
  'token_str': ' library',
  'sequence': 'HuggingFace is creating a library that the community uses to
solve NLP tasks.'},
 {'score': 0.034935347735881805,
  'token': 8503,
  'token_str': ' database',
  'sequence': 'HuggingFace is creating a database that the community uses to
solve NLP tasks.'},
 {'score': 0.02860259637236595,
  'token': 17715,
  'token_str': ' prototype',
  'sequence': 'HuggingFace is creating a prototype that the community uses
to solve NLP tasks.'}]
```

原问题翻译成中文是"HuggingFace 正在创建一个社区用户,用于解决 NLP 任务的____。",

模型按照信心从高到低给出了 5 个答案，翻译成中文分别是"工具""框架""资料库""数据库""原型"。

4. 文本生成

使用管道工具处理文本生成任务，代码如下：

```
#第5章/文本生成
from transformers import pipeline
text_generator=pipeline("text-generation")
text_generator("As far as I am concerned, I will",
               max_length=50,
               do_sample=False)
```

在这段代码中，得到了 text_generator 对象后，直接调用 text_generator 对象，入参为一个句子的开头，让 text_generator 接着往下续写，参数 max_length=50 表明要续写的长度，运行结果如下：

```
[{'generated_text': 'As far as I am concerned, I will be the first to admit
that I am not a fan of the idea of a "free market." I think that the idea of a
free market is a bit of a stretch. I think that the idea'}]
```

这段文本翻译成中文后为就我而言，我将是第 1 个承认我不支持"自由市场"理念的人，我认为自由市场的想法有点牵强。我认为这个想法……

5. 命名实体识别

命名实体识别任务为找出一段文本中的人名、地名、组织机构名等。使用管道工具处理命名实体识别任务，代码如下：

```
#第5章/命名实体识别
from transformers import pipeline
ner_pipe=pipeline("ner")
sequence = """Hugging Face Inc. is a company based in New York City. Its
headquarters are in DUMBO,
therefore very close to the Manhattan Bridge which is visible from the
window."""
for entity in ner_pipe(sequence):
    print(entity)
```

运行结果如下：

```
{'entity': 'I-ORG', 'score': 0.99957865, 'index': 1, 'word': 'Hu', 'start':
0, 'end': 2}
    {'entity': 'I-ORG', 'score': 0.9909764, 'index': 2, 'word': '##gging',
'start': 2, 'end': 7}
    {'entity': 'I-ORG', 'score': 0.9982224, 'index': 3, 'word': 'Face', 'start':
8, 'end': 12}
```

{'entity': 'I-ORG', 'score': 0.9994879, 'index': 4, 'word': 'Inc', 'start': 13, 'end': 16}
    {'entity': 'I-LOC', 'score': 0.9994344, 'index': 11, 'word': 'New', 'start': 40, 'end': 43}
    {'entity': 'I-LOC', 'score': 0.99931955, 'index': 12, 'word': 'York', 'start': 44, 'end': 48}
    {'entity': 'I-LOC', 'score': 0.9993794, 'index': 13, 'word': 'City', 'start': 49, 'end': 53}
    {'entity': 'I-LOC', 'score': 0.98625815, 'index': 19, 'word': 'D', 'start': 79, 'end': 80}
    {'entity': 'I-LOC', 'score': 0.95142674, 'index': 20, 'word': '##UM', 'start': 80, 'end': 82}
    {'entity': 'I-LOC', 'score': 0.93365884, 'index': 21, 'word': '##BO', 'start': 82, 'end': 84}
    {'entity': 'I-LOC', 'score': 0.9761654, 'index': 28, 'word': 'Manhattan', 'start': 114, 'end': 123}
    {'entity': 'I-LOC', 'score': 0.9914629, 'index': 29, 'word': 'Bridge', 'start': 124, 'end': 130}

可以看到,模型识别中的原文中的组织机构名为 Hugging Face Inc,地名为 New York City、DUMBO、Manhattan Bridge。

6. 文本摘要

使用管道工具处理文本摘要任务,代码如下:

```
#第5章/文本摘要
from transformers import pipeline
summarizer = pipeline("summarization")
ARTICLE = """ New York (CNN)When Liana Barrientos was 23 years old, she got
married in Westchester County, New York.
A year later, she got married again in Westchester County, but to a different
man and without divorcing her first husband.
Only 18 days after that marriage, she got hitched yet again. Then, Barrientos
declared "I do" five more times, sometimes only within two weeks of each other.
In 2010, she married once more, this time in the Bronx. In an application for
a marriage license, she stated it was her "first and only" marriage.
Barrientos, now 39, is facing two criminal counts of "offering a false
instrument for filing in the first degree," referring to her false statements on
the
2010 marriage license application, according to court documents.
Prosecutors said the marriages were part of an immigration scam.
On Friday, she pleaded not guilty at State Supreme Court in the Bronx, according
to her attorney, Christopher Wright, who declined to comment further.
After leaving court, Barrientos was arrested and charged with theft of service
```

```
and criminal trespass for allegedly sneaking into the New York subway through an
emergency exit, said Detective
    Annette Markowski, a police spokeswoman. In total, Barrientos has been married
10 times, with nine of her marriages occurring between 1999 and 2002.
    All occurred either in Westchester County, Long Island, New Jersey or the Bronx.
She is believed to still be married to four men, and at one time, she was married
to eight men at once, prosecutors say.
    Prosecutors said the immigration scam involved some of her husbands, who filed
for permanent residence status shortly after the marriages.
    Any divorces happened only after such filings were approved. It was unclear
whether any of the men will be prosecuted.
    The case was referred to the Bronx District Attorney\'s Office by Immigration
and Customs Enforcement and the Department of Homeland Security\'s
    Investigation Division. Seven of the men are from so-called "red-flagged"
countries, including Egypt, Turkey, Georgia, Pakistan and Mali.
    Her eighth husband, Rashid Rajput, was deported in 2006 to his native Pakistan
after an investigation by the Joint Terrorism Task Force.
    If convicted, Barrientos faces up to four years in prison. Her next court
appearance is scheduled for May 18.
    """
summarizer(ARTICLE, max_length=130, min_length=30, do_sample=False)
```

示例代码中的 ARTICLE 是一个很长的文本,使用文本总结工具对这段长文本进行摘要,并设定摘要内容的长度为 30～130 个词,运行结果如下:

```
[{'summary_text': ' Liana Barrientos, 39, is charged with two counts of
"offering a false instrument for filing in the first degree" In total, she has
been married 10 times, with nine of her marriages occurring between 1999 and 2002 .
At one time, she was married to eight men at once, prosecutors say .'}]
```

摘要翻译成中文为现年 39 岁的莉安娜·巴连托斯被控两项"提供虚假文书申请一级学位"的罪名。她共结过 10 次婚,其中 9 次发生在 1999—2002 年。检察官表示,她曾一度与 8 名男性同时结婚。

由于原文太长,这里不便于给出中文翻译,读者可以自行检查该摘要和原文的内容是否契合。

7. 翻译

使用管道工具处理翻译任务,代码如下:

```
#第 5 章/翻译
from transformers import pipeline
translator=pipeline("translation_en_to_de")
sentence="Hugging Face is a technology company based in New York and Paris"
translator(sentence, max_length=40)
```

在这段代码中,首先以参数 translation_en_to_de 调用了 pipeline()函数,得到了 translator。从该参数可以看出,这是一个从英文翻译到德文的管道工具。

注意: 由于默认的翻译任务底层调用的是 t5-base 模型,该模型只支持由英文翻译为德文、法文、罗马尼亚文,如果需要支持其他语言,则需要替换模型,具体可参见本章"替换模型执行中译英任务"和"替换模型执行英译中任务"两节。

运行结果如下:

```
[{'translation_text': 'Hugging Face ist ein Technologieunternehmen mit Sitz
in New York und Paris.'}]
```

模型给出的德文翻译成中文是"Hugging Face 是一家总部位于纽约和巴黎的科技公司。"这和英文原文的意思基本一致。

5.2.2 替换模型执行任务

1. 替换模型执行中译英任务

管理工具会根据不同的任务自动分配一个模型,如果该模型不是调用者想使用的,则可以指定管道工具使用的模型。此处以翻译任务为例,代码如下:

```
#第 5 章/替换模型执行中译英任务
from transformers import pipeline, AutoTokenizer, AutoModelForSeq2SeqLM
#要使用该模型,需要安装 sentencepiece
!pip install sentencepiece
tokenizer=AutoTokenizer.from_pretrained("Helsinki-NLP/opus-mt-zh-en")
model=AutoModelForSeq2SeqLM.from_pretrained("Helsinki-NLP/opus-mt-zh-en")
translator=pipeline(task="translation_zh_to_en",
                    model=model,
                    tokenizer=tokenizer)
sentence="我叫萨拉,我住在伦敦。"
translator(sentence, max_length=20)
```

在这段代码中,同样执行翻译任务,不过执行了默认的翻译任务工具不支持的中译英任务,为了支持中译英这个任务,需要替换默认的模型,代码中加载了一个模型和其对应的编码工具,再把模型和编码工具作为参数输入 pipeline()函数中,得到替换了模型的翻译管道工具。最后执行一个中译英任务,运行结果如下:

```
[{'translation_text': 'My name is Sarah, and I live in London.'}]
```

从运行结果来看,翻译的效果还是比较理想的。

2. 替换模型执行英译中任务

根据上述中译英管道工具的例子,此处再举一例英译中任务,代码如下:

```
#第 5 章/替换模型执行英译中任务
from transformers import pipeline, AutoTokenizer, AutoModelForSeq2SeqLM
```

```
#要使用该模型，需要安装 sentencepiece
!pip install sentencepiece
tokenizer=AutoTokenizer.from_pretrained("Helsinki-NLP/opus-mt-en-zh")
model=AutoModelForSeq2SeqLM.from_pretrained("Helsinki-NLP/opus-mt-en-zh")
translator=pipeline(task="translation_en_to_zh",
                    model=model,
                    tokenizer=tokenizer)
sentence="My name is Sarah and I live in London"
translator(sentence, max_length=20)
```

代码内容和中译英任务大同小异，只是替换了模型的名字，以及管道工具的翻译方向，运行结果如下：

```
[{'translation_text': '我叫萨拉,我住伦敦'}]
```

从运行结果来看，翻译的效果还是比较理想的。

5.3　小结

本章讲解了 HuggingFace 管道工具的使用，管道工具的使用非常简单，同时也能实现非常强大的功能，如果对预测的结果要求不高，则可以免于再训练的烦琐步骤。管道工具是 HuggingFace 提供的非常实用的工具。

使用训练工具

6.1 训练工具介绍

HuggingFace 提供了巨大的模型库,虽然其中的很多模型性能表现出色,但这些模型往往是在广义的数据集上训练的,缺乏针对特定数据集的优化,所以在获得一个合适的模型之后,往往还要针对具体任务的特定数据集进行二次训练,这就是所谓的迁移学习。

使用迁移学习的好处很多,例如节约了碳排放,保护了珍贵的地球;迁移学习的训练难度低,要求的数据集数量少,对计算资源的要求也低。

HuggingFace 提供了训练工具,统一了模型的再训练过程,使调用者无须了解具体模型的计算过程,只需针对具体的任务准备好数据集,便可以再训练模型。

在本章中将使用一个情感分类任务的例子来再训练一个模型,以此来讲解 HuggingFace 训练工具的使用方法。

6.2 使用训练工具

6.2.1 准备数据集

1. 加载编码工具

首先加载一个编码工具,由于编码工具和模型往往是成对使用的,所以此处使用 hfl/rbt3 编码工具,因为要再训练的模型是 hfl/rbt3 模型,代码如下:

```
#第6章/加载tokenizer
from transformers import AutoTokenizer
tokenizer = AutoTokenizer.from_pretrained('hfl/rbt3')
```

加载了编码工具之后不妨试算一下,观察一下输出,代码如下:

```
#第6章/试编码句子
tokenizer.batch_encode_plus(
    ['明月装饰了你的窗子', '你装饰了别人的梦'],
    truncation=True,
```

```
)
```

运行结果如下：

```
{'input_ids': [[101, 3209, 3299, 6163, 7652, 749, 872, 4638, 4970, 2094, 102],
[101, 872, 6163, 7652, 749, 1166, 782, 4638, 3457, 102]], 'token_type_ids': [[0,
0, 0, 0, 0, 0, 0, 0, 0, 0, 0], [0, 0, 0, 0, 0, 0, 0, 0, 0, 0]], 'attention_mask':
[[1, 1, 1, 1, 1, 1, 1, 1, 1, 1, 1], [1, 1, 1, 1, 1, 1, 1, 1, 1, 1]]]}
```

2. 准备数据集

加载数据集，使用该数据集来再训练模型，代码如下：

```
#第6章/从磁盘加载数据集
from datasets import load_from_disk
dataset = load_from_disk('./data/ChnSentiCorp')
#缩小数据规模，便于测试
dataset['train'] = dataset['train'].shuffle().select(range(2000))
dataset['test'] = dataset['test'].shuffle().select(range(100))
dataset
```

在这段代码中，对数据集进行了采样，目的有以下两方面：一是便于测试；二是模拟再训练集的体量较小的情况，以验证即使是小的数据集，也能通过迁移学习得到一个较好的训练结果。运行结果如下：

```
DatasetDict({
    train: Dataset({
        features: ['text', 'label'],
        num_rows: 2000
    })
    validation: Dataset({
        features: ['text', 'label'],
        num_rows: 0
    })
    test: Dataset({
        features: ['text', 'label'],
        num_rows: 100
    })
})
```

可见训练集的数量仅有2000条，测试集的数量有100条。

现在的数据集还是文本数据，使用编码工具把这些抽象的文字编码成计算机善于处理的数字，代码如下：

```
#第6章/编码
def f(data):
    return tokenizer.batch_encode_plus(data['text'], truncation=True)
```

```
dataset=dataset.map(f,
                    batched=True,
                    batch_size=1000,
                    num_proc=4,
                    remove_columns=['text'])
dataset
```

在这段代码中，使用了批量处理的技巧，能够加快计算的速度。

（1）参数 batched=True：表明使用批处理来处理数据，而不是一条一条地处理。

（2）参数 batch_size=1000：表明每个批次中有 1000 条数据。

（3）参数 num_proc=4：表明使用 4 个线程进行操作。

（4）参数 remove_columns=['text']：表明映射结束后删除数据集中的 text 字段。

运行结果如下：

```
DatasetDict({
    train: Dataset({
        features: ['label', 'input_ids', 'token_type_ids', 'attention_mask'],
        num_rows: 2000
    })
    validation: Dataset({
        features: ['text', 'label'],
        num_rows: 0
    })
    test: Dataset({
        features: ['label', 'input_ids', 'token_type_ids', 'attention_mask'],
        num_rows: 100
    })
})
```

可以看到，原本数据集中的 text 字段已经被移除，但多了 input_ids、token_type_ids、attention_mask 字段，这些字段是编码工具编码的结果，这和前面观察到的编码器试算的结果一致。

由于模型对句子的长度有限制，不能处理长度超过 512 个词的句子，所以需要把数据集中长度超过 512 个词的句子过滤掉，代码如下：

```
#第6章/移除太长的句子
def f(data):
    return [len(i)<=512 for i in data['input_ids']]
dataset=dataset.filter(f, batched=True, batch_size=1000, num_proc=4)
dataset
```

此处依然使用了批处理的技巧来加快计算，各参数的意义和之前编码时的意义相同，运行结果如下：

```
DatasetDict({
    train: Dataset({
        features: ['label', 'input_ids', 'token_type_ids', 'attention_mask'],
        num_rows: 1973
    })
    validation: Dataset({
        features: ['text', 'label'],
        num_rows: 0
    })
    test: Dataset({
        features: ['label', 'input_ids', 'token_type_ids', 'attention_mask'],
        num_rows: 100
    })
})
```

可以看到，训练集中有 7 条数据被移除，而测试集中没有被移除数据。

注意：对于数据长度超过模型限制有很多处理方法，此处只演示了最简单的丢弃法。也可以把超出长度的部分截断，留下符合模型长度要求的数据，截断数据时可以截断数据的尾部，也可以截断数据的头部，当截断数据时，编码结果中的 input_ids、token_type_ids、attention_mask 要一起截断，因为它们是一一对应的关系。

6.2.2 定义模型和训练工具

1. 加载预训练模型
数据集准备好了，现在就可以加载要再训练的模型了，代码如下：

```
#第 6 章/加载模型
from transformers import AutoModelForSequenceClassification
import torch
model=AutoModelForSequenceClassification.from_pretrained('hfl/rbt3',
                                                        num_labels=2)

#统计模型参数量
sum([i.nelement() for i in model.parameters()]) / 10000
```

如前所述，此处加载的模型应该和编码工具配对使用，所以此处加载的模型为 hfl/rbt3 模型，该模型由哈尔滨工业大学讯飞联合实验室（HFL）分享到 HuggingFace 模型库，这是一个基于中文文本数据训练的 BERT 模型。后续将使用准备好的数据集对该模型进行再训练，在代码的最后一行统计了该模型的参数量，以大致衡量一个模型的体量大小。该模型的参数量约为 3800 万个，这是一个较小的模型。

加载了模型之后，不妨对模型进行一次试算，以观察模型的输出，代码如下：

```
#第 6 章/模型试算
#模拟一批数据
```

```
data = {
    'input_ids': torch.ones(4, 10, dtype=torch.long),
    'token_type_ids': torch.ones(4, 10, dtype=torch.long),
    'attention_mask': torch.ones(4, 10, dtype=torch.long),
    'labels': torch.ones(4, dtype=torch.long)
}
#模型试算
out = model(**data)
out['loss'], out['logits'].shape
```

这里模拟了一个批次的数据对模型进行试算，运行结果如下：

```
(tensor(0.3597, grad_fn=<NllLossBackward0>), torch.Size([4, 2]))
```

模型的输出主要包括两部分，一部分是 loss，另一部分是 logits。对于不同的模型，输出的内容也会不一样，但一般会包括 loss，所以在使用 HuggingFace 模型时不需要自行计算 loss，而是由模型自行封装，这方便了模型的再训练。

2. 定义评价函数

为了便于在训练过程中观察模型的性能变化，需要定义一个评价指标函数。对于情感分类任务往往关注正确率指标，所以此处加载正确率评价函数，代码如下：

```
#第6章/加载评价指标
from datasets import load_metric
metric = load_metric('accuracy')
```

由于模型计算的输出和评价指标要求的输入还有差别，所以需要定义一个转换函数，把模型计算的输出转换成评价指标可以计算的数据类型，这个函数就是在训练过程中真正要用到的评价函数，代码如下：

```
#第6章/定义评价函数
import numpy as np
from transformers.trainer_utils import EvalPrediction
def compute_metrics(eval_pred):
    logits, labels = eval_pred
    logits = logits.argmax(axis=1)
    return metric.compute(predictions=logits, references=labels)
#模拟输出
eval_pred = EvalPrediction(
    predictions=np.array([[0, 1], [2, 3], [4, 5], [6, 7]]),
    label_ids=np.array([1, 1, 0, 1]),
)
compute_metrics(eval_pred)
```

在这段代码中，不仅定义了评价函数，还对该函数进行了试算，运行结果如下：

```
{'accuracy': 0.75}
```

可见这个评价指标计算的输出为正确率，在训练的过程中可以观察到模型的正确率变化。

3. 定义训练超参数

在开始训练之前，需要定义好超参数，HuggingFace 使用 TrainingArguments 对象来封装超参数，代码如下：

```
#第6章/定义训练参数
from transformers import TrainingArguments
#定义训练参数
args = TrainingArguments(
    #定义临时数据保存路径
    output_dir='./output_dir',
    #定义测试执行的策略,可取值为 no、epoch、steps
    evaluation_strategy='steps',
    #定义每隔多少个 step 执行一次测试
    eval_steps=30,
    #定义模型保存策略,可取值为 no、epoch、steps
    save_strategy='steps',
    #定义每隔多少个 step 保存一次
    save_steps=30,
    #定义共训练几个轮次
    num_train_epochs=1,
    #定义学习率
    learning_rate=1e-4,
    #加入参数权重衰减,防止过拟合
    weight_decay=1e-2,
    #定义测试和训练时的批次大小
    per_device_eval_batch_size=16,
    per_device_train_batch_size=16,
    #定义是否要使用 GPU 训练
    no_CUDA=True,
)
```

TrainingArguments 对象中可以封装的超参数很多，但除了 output_dir 之外其他的超参数均有默认值，在上面的示例代码中只给出了常用的参数，对于初学者建议从这些简单的参数开始调试，完整的参数列表可参照 HuggingFace 官方文档。

4. 定义训练器

完成了上面的准备工作，现在可以定义训练器，代码如下：

```
#第6章/定义训练器
from transformers import Trainer
from transformers.data.data_collator import DataCollatorWithPadding
```

```
#定义训练器
trainer = Trainer(
    model=model,
    args=args,
    train_dataset=dataset['train'],
    eval_dataset=dataset['test'],
    compute_metrics=compute_metrics,
    data_collator=DataCollatorWithPadding(tokenizer),
)
```

定义训练器时需要传递要训练的模型、超参数对象、训练和验证数据集、评价函数，以及数据整理函数。

5. 数据整理函数介绍

数据整理函数使用了由 HuggingFace 提供的 DataCollatorWithPadding 对象，它能把一个批次中长短不一的句子补充成统一的长度，长度取决于这个批次中最长的句子有多长，所有数据的长度一致后即可转换成矩阵，模型期待的数据类型也是矩阵，所以经过数据整理函数的处理之后，数据即被整理成模型可以直接计算的矩阵格式。可以通过下面的例子验证，代码如下：

```
#第 6 章/测试数据整理函数
data_collator = DataCollatorWithPadding(tokenizer)
#获取一批数据
data = dataset['train'][:5]
#输出这些句子的长度
for i in data['input_ids']:
    print(len(i))
#调用数据整理函数
data = data_collator(data)
#查看整理后的数据
for k, v in data.items():
    print(k, v.shape)
```

运行结果如下：

```
62
34
185
101
40
input_ids torch.Size([5, 185])
token_type_ids torch.Size([5, 185])
attention_mask torch.Size([5, 185])
labels torch.Size([5])
```

在这段代码中，首先初始化了一个 DataCollatorWithPadding 对象作为数据整理函数，然后从训练集中获取了 5 条数据作为一批数据，从输出可以看出这些句子有长有短，之后使用数据整理函数处理这批数据，得到的结果再输出形状，可以看到这些数据已经被整理成统一的长度，长度取决于这批句子中最长的句子，并且被转换为矩阵形式。

通过如下代码可以查看数据整理函数是如何对句子进行补长的，代码如下：

```
tokenizer.decode(data['input_ids'][0])
```

运行结果如下：

```
'[CLS] 1．综合配置不错；2 键盘触摸板手感不错；3．液晶屏看电影的效果不错,就是上下可视
角小了；4．质量轻便,因为是全塑料的外壳 [SEP] [PAD] [PAD] [PAD] [PAD] [PAD] [PAD] [PAD]
[PAD] [PAD] [PAD] [PAD] [PAD] [PAD] [PAD] [PAD] [PAD] [PAD] [PAD] [PAD] [PAD]
[PAD] [PAD] [PAD] [PAD] [PAD] [PAD] [PAD] [PAD] [PAD] [PAD] [PAD] [PAD] [PAD]
[PAD] [PAD] [PAD] [PAD] [PAD] [PAD] [PAD] [PAD] [PAD] [PAD] [PAD] [PAD] [PAD]
[PAD] [PAD] [PAD] [PAD] [PAD] [PAD] [PAD] [PAD] [PAD] [PAD] [PAD] [PAD] [PAD]
[PAD] [PAD] [PAD] [PAD] [PAD] [PAD] [PAD] [PAD] [PAD] [PAD] [PAD] [PAD] [PAD]
[PAD] [PAD] [PAD] [PAD] [PAD] [PAD] [PAD] [PAD] [PAD] [PAD] [PAD] [PAD] [PAD]
[PAD] [PAD] [PAD] [PAD] [PAD] [PAD] [PAD] [PAD] [PAD] [PAD] [PAD] [PAD] [PAD]
[PAD] [PAD] [PAD] [PAD]'
```

可以看到，数据整理函数是通过对句子的尾部补充 PAD 来对句子补长的。

6.2.3 训练和测试

1. 训练模型

在开始训练之前，不妨直接对模型进行一次测试，先定下训练前的基准，在训练结束后再对比这里得到的基准，以验证训练的有效性，代码如下：

```
#评价模型
trainer.evaluate()
```

运行结果如下：

```
{'eval_loss': 0.8067871928215027,
 'eval_accuracy': 0.48484848484848486,
 'eval_runtime': 12.1022,
 'eval_samples_per_second': 8.18,
 'eval_steps_per_second': 0.578}
```

可见模型在训练之前，有 48% 的正确率。由于使用的训练集为二分类数据集，所以 48% 的正确率近乎于瞎猜。这符合预期，因为模型还没有训练，接下来对模型进行训练，期待它能超过此处得到的成绩。

对模型进行训练，代码如下：

```
#第6章/训练
trainer.train()
```

运行训练，会输出如下日志信息：

```
***** Running training *****
  Num examples = 1979
  Num Epochs = 1
  Instantaneous batch size per device = 16
  Total train batch size (w. parallel, distributed & accumulation) = 16
  Gradient Accumulation steps = 1
  Total optimization steps = 124
```

从该日志中的 Total optimization steps = 124 可知，本次训练共有 124 个 steps，由于定义超参数时指定了每 30 个 steps 执行一次测试，并保存模型参数，所以当训练结束时，期待有 4 次测试的结果，并且有 4 个保存的模型参数。

训练的时间取决于计算资源的大小，使用一颗 Intel 酷睿 10 代 i5 训练的时间约 20min，在训练的过程中会逐步输出一张表格以便于观察各项指标，内容见表 6-1。

表 6-1 消息格式

Step	Training Loss	Validation Loss	Accuracy
30	No log	0.345352	0.880000
60	No log	0.234312	0.910000
90	No log	0.204630	0.920000
120	No log	0.199404	0.940000

观察该表，由于在超参数中设定了每 30 个 steps 执行一次测试，而每次测试产生一次测试结果，表现在表格中为一行数据，由于在本次训练任务中共有 124 个 steps，会执行 4 次测试，所以这张表有 4 行数据。下面对表格各列的内容分别进行介绍。

（1）列 Step：表示测试执行时的 steps。

（2）列 Training Loss：表示训练 loss，在本次任务中未记录。

（3）列 Validation Loss：表示在验证集上测试得出的 loss。

（4）列 Accuracy：表示在验证集上测试得出的正确率，也就是评价函数计算的输出。

理解了表格内容之后，可以观察到随着训练步数的增多，正确率在不断上升，当训练到 120 步时，已经达到了 94% 的正确率，这相比训练前得到的正确率 48% 有了很大提升，证明训练是有效的。

由于在超参数设置了每 30 个 steps 保存一次模型参数，所以可以到设定的 output_dir 文件夹检查模型参数是否已经保存。

在 output_dir 文件夹中可以找到 4 个文件夹，即 checkpoint-30、checkpoint-60、checkpoint-90、checkpoint-120，分别是对应步数保存的检查点，每个文件夹中都有一个

PyTorch_model.bin 文件，这个文件就是模型的参数。

如果在训练的过程中由于各种原因导致训练中断，或者希望从某个检查点重新训练模型，则可以使用训练器的 train()函数的 resume_from_checkpoint 参数设定检查点，从该检查点重新训练，代码如下：

```
#第 6 章/从某个存档文件继续训练
trainer.train(resume_from_checkpoint='./output_dir/checkpoint-90')
```

继续训练和从头训练的输出是一致的，只是继续训练会跳过前 90 个 steps，所以上面的代码只会训练 124-90=34 个 steps，继续训练同样会保存检查点，所以上面的代码会覆盖检查点 checkpoint-120。

在训练结束后，不妨再执行一次测试，以测试模型的性能，代码如下：

```
#第 6 章/评价模型
trainer.evaluate()
```

运行结果如下：

```
{'eval_loss': 0.1946406215429306,
 'eval_accuracy': 0.94,
 'eval_runtime': 12.1149,
 'eval_samples_per_second': 8.254,
 'eval_steps_per_second': 0.578,
 'epoch': 1.0}
```

可以看到，模型最终的性能为正确率 94%。从训练过程的表格来看，模型显然还能继续进步，还没有达到收敛，但本章的主题为介绍训练器的使用方法，所以达到该成绩已经足够。读者可以自行加强训练力度，包括增加数据量和增加训练轮数，以此让模型达到更好的性能。

2. 模型的保存和加载

训练得到满意的模型之后，可以手动将该模型的参数保存到磁盘上，以备以后需要时加载，代码如下：

```
#第 6 章/手动保存模型参数
trainer.save_model(output_dir='./output_dir/save_model')
```

加载模型参数的方法如下：

```
#第 6 章/手动加载模型参数
import torch
model.load_state_dict(torch.load('./output_dir/save_model/PyTorch_model.
bin'))
```

3. 使用模型预测

最后介绍使用模型进行预测的方法，代码如下：

```
#第6章/测试
model.eval()
for i, data in enumerate(trainer.get_eval_dataloader()):
    break
out = model(**data)
out = out['logits'].argmax(dim=1)
for i in range(8):
    print(tokenizer.decode(data['input_ids'][i], skip_special_tokens =True))
    print('label=', data['labels'][i].item())
    print('predict=', out[i].item())
```

在这段代码中，首先把模型切换到运行模式，然后从测试数据集中获取 1 个批次的数据用于预测，之后把这批数据输入模型进行计算，得出的结果即为模型预测的结果，最后输出前 4 句的结果，并与真实的 label 进行比较，运行结果如下：

> 刚刚入住时发现房间的地毯和椅子都是湿的,打电话询问时前台只是说明了为什么椅子和地毯会是湿的,一点歉意都没感觉到。结果只给换了两把椅子,实在有些让人不高兴。离五星级服务还有距离。
> label=0
> predict=0
> 服务好，结账快，门口有好多出租车。最重要的，早餐真好。单人间价格合理，但标间一个人住不太合适。
> label=1
> predict=1
> 虽然只是刚刚开始阅读,但是已经给我带来很多思想冲击了。一边读书一边实践,突然发现和儿子沟通更畅通了! 通过阅读此书,才发现自己有时对孩子是一种强迫的爱,扼杀的爱,剥夺的爱! 原来他们的小小世界里,有他们自己的思维! 帮助、教育和关爱孩子,是有很多技巧的! 当然了,尊重是第 1 位的。这是一套非常不错的书,但是书中有许多研究性词汇,要真正理解还是需要多读才行的! 尚未读完,拙见!
> label=1
> predict=1
> 这个价格,算性价比很高的一个酒店了。当然价格便宜,就不能太计较服务了。总体来讲是一个愿意再次入住的酒店。
> label=1
> predict=1
> 这次入住发现在服务上下了工夫。例如在走道和洗手间放了报纸。餐厅早餐自助餐服务和电梯服务都很周到。其实宾馆服务硬件不一定要很豪华,但要真心对待客人,希望坚持。
> label=1
> predict=1
> 服务态度有待提高,到货晚了两天,赠送的包款式还错了, 14 寸的笔记本送了 13 寸的包,我猜测有人 13 寸的笔记本拿了 14 寸的包。客服电话难打通, 服务效率很低。
> label=0
> predict=0
> 这本书是我 2008 年所读的书中, 较有收获的之一。书中的一些观点打破了我的旧有观念。作者将二十岁年龄段里出现的迷惑进行了一定的观点解答。值得处于这个年龄段的女孩看一看。
> label=0

```
predict=1
做工好，中部滚轴的呼吸灯和悬浮式键盘是亮点。性价比在笔记本中很好。
label=1
predict=1
```

从测试结果可以看到一些错误，但大部分的预测是正确的。

6.3　小结

本章通过一个情感分类任务讲解了 HuggingFace 训练工具的使用方法，介绍了一般的数据集处理方法，在训练过程中结合评价函数观察模型的性能变化，并且介绍了模型的保存和加载及预测的方法。

中文项目实战篇

实战任务 1：中文情感分类

7.1 任务简介

分类任务是大多数机器学习任务中最基础的，对于自然语言处理也不例外。本章将讲解一个情感分类的自然语言处理任务。

7.2 数据集介绍

本章所使用的数据集依然是 ChnSentiCorp 数据集，这是一个情感分类数据集，每条数据中包括一句购物评价，以及一个标识，表明这条评价是一条好评还是一条差评。在 ChnSentiCorp 数据集中，被评价的商品包括书籍、酒店、计算机配件等。对于人类来讲，即使不给予标识，也能通过评价内容大致判断出这是一条好评还是一条差评；对于神经网络，也将通过这个任务来验证它的有效性。

ChnSentiCorp 数据集中的部分数据样例见表 7-1，通过该表读者可对 ChnSentiCorp 数据集有直观的认识。

表 7-1　ChnSentiCorp 数据集数据样例

评　　价	标　　识
整体外形比照片好看很多，外壳也有防指纹的设计，发热量也可接受。	好评
距离川沙公路较近，但是公交指示不对。建议用别的路线。房间较为简单。	好评
我喜欢这个酒店，因为那里有笑容！因为方便！因为价格合理！还有登州路 56 号的青岛啤酒！到芜湖，经常因为仓促而订不到国信。一大憾事！	好评
除了地理位置很好之外，服务差，房间味道大，隔音效果差，早餐简直无法下箸，另外，服务员经常拒绝客人使用信用卡！	差评
轻便，方便携带，性能也不错，能满足平时的工作需要，对出差人员来讲非常不错。	好评
很好的地理位置，一塌糊涂的服务，萧条的酒店。	差评
非常不满意，房间里有很大的霉味，勉强住了一晚，第二天一大早就赶紧离开了。	差评

评　　价	标　　识
非常不错，服务很好，位于市中心区，交通方便，不过价格也高！	好评
还不错，可以住一下，并且建议住高楼层的房间。	好评

7.3　模型架构

在 BERT、GPT、Transformers 模型被提出之前，被广泛使用的自然语言处理网络结构是 RNN。RNN 的主要功能是能把自然语言的句子抽取成特征向量，有了特征向量之后再接入全连接神经网络做分类或者回归就水到渠成了。从这个角度来讲，RNN 把一个自然语言处理的任务转换成了全连接神经网络任务。对于类似于 RNN 这样能够把抽象数据类型转换成具体的特征向量的网络层，被统称为 backbone，中文一般译为特征抽取层。

自从 BERT、GPT、Transformers 模型被提出之后，它们被广泛应用于任务中的 backbone 层，也就是特征抽取层，在本章的情感分类任务中也将使用 BERT 中文模型作为 backbone 层。

相对于 backbone 的网络，后续的处理神经网络被称为下游任务模型，它往往会对 backbone 输出的特征向量进行再计算，得到业务上需要的计算结果，这往往是分类或者回归的结果。整合 backbone 和下游任务模型的架构如图 7-1 所示。

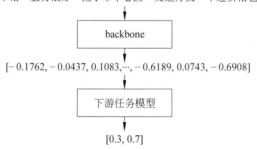

图 7-1　使用 backbone 的网络计算过程

从图 7-1 可以看出，网络的计算过程是先把一句自然语言输入 backbone 网络中进行特征抽取，特征是一个向量，再把特征向量输入下游任务模型中进行计算，得出最终业务需要的结果。

对于应用了预训练的 backbone 的网络，训练时可以选择继续训练 backbone 层，也可以不训练 backbone 层，因为 backbone 的参数量往往非常巨大。如果要对 backbone 进行再训练，则往往会消耗掉更多的计算资源；如果不对 backbone 进行再训练而模型的性能已经达到业务需求，也可以选择节省这些计算资源，在本章中将演示这种训练方法。

7.4 实现代码

7.4.1 准备数据集

1. 使用编码工具

首先需要加载编码工具，编码工具能够把抽象的文字转换成数字，便于神经网络的后续处理，代码如下：

```
#第 7 章/加载编码工具
from transformers import BertTokenizer
token = BertTokenizer.from_pretrained('bert-base-chinese')
token
```

这里加载的编码工具为 bert-base-chinese，编码工具和预训练模型往往是成对使用的，后续将使用同名的预训练模型作为 backbone，运行结果如下：

```
PreTrainedTokenizer(name_or_path='bert-base-chinese', vocab_size=21128,
model_max_len=512, is_fast=False, padding_side='right', truncation_side='right',
special_tokens={'unk_token': '[UNK]', 'sep_token': '[SEP]', 'pad_token': '[PAD]',
'cls_token': '[CLS]', 'mask_token': '[MASK]'})
```

从输出可以看出，bert-base-chinese 模型的字典中有 21 128 个词，编码器编码句子的最大长度为 512 个词，并且能看到 bert-base-chinese 模型所使用的一些特殊符号。

加载编码工具之后，不妨进行一次试算，以便更清晰地观察到编码工具的输入和输出，代码如下：

```
#第 7 章/试编码句子
out = token.batch_encode_plus(
    batch_text_or_text_pairs=['从明天起，做一个幸福的人。', '喂马，劈柴，周游世界。'],
    truncation=True,
    padding='max_length',
    max_length=17,
    return_tensors='pt',
    return_length=True)
#查看编码输出
for k, v in out.items():
    print(k, v.shape)
#把编码还原为句子
print(token.decode(out['input_ids'][0]))
```

在这段代码中，让编码工具试编码了两个句子，编码工具工作的方法和编码时各个参数的含义已在"编码工具"一章有详细解释，此处不再赘述，如果读者对这部分的内容不理解，则可参考"编码工具"一章。

从上面的代码中的参数 max_length=17 的说明可以看出，经过编码之后的句子一定是确定的 17 个词的长度。如果超出，则会被截断；如果不足，则会被补充 PAD。运行结果如下：

```
input_ids torch.Size([2, 17])
token_type_ids torch.Size([2, 17])
length torch.Size([2])
attention_mask torch.Size([2, 17])
[CLS] 从 明 天 起 , 做 一 个 幸 福 的 人 。 [SEP] [PAD] [PAD]
```

可以看到，编码的结果确实都是确定的长度，即参数中 max_length=17 个词的长度。编码结果见表 7-2。

表 7-2 编码结果示意

句子	[CLS]	从	明	天	起	,	做	一	个	幸	福	的	人	.	[SEP]	[PAD]	[PAD]
input_ids	101	794	3209	1921	6629	8024	976	671	702	2401	4886	4638	782	511	102	0	0
token_type_ids	0	0	0	0	0	0	0	0	0	0	0	0	0	0	0	0	0
attention_mask	1	1	1	1	1	1	1	1	1	1	1	1	1	1	1	0	0

从表 7-2 可以看出，编码工具首先对原句子进行了分词，把一条完整的句子切割成了一个一个的词，对于不同的编码工具，分词的结果不一定一致。在 bert-base-chinese 这个具体的编码工具中，则是以字为词，即把每个字都作为一个词进行处理。

这些编码的结果对于预训练模型的计算十分重要，后续将使用编码器把所有的句子编码，便于输入预训练模型进行计算。

2. 定义数据集

本次任务为情感分类任务，所以需要一个情感分类数据集进行模型的训练和测试，此处加载 ChnSentiCorp 数据集，代码如下：

```python
#第 7 章/定义数据集
import torch
from datasets import load_from_disk
class Dataset(torch.utils.data.Dataset):
    def __init__(self, split):
        self.dataset = load_from_disk('./data/ChnSentiCorp')[split]
    def __len__(self):
        return len(self.dataset)
    def __getitem__(self, i):
        text = self.dataset[i]['text']
        label = self.dataset[i]['label']
        return text, label
dataset = Dataset('train')
```

```
len(dataset), dataset[20]
```

在这段代码中，加载了 ChnSentiCorp 数据集，并使用 PyTorch 的 Dataset 对象进行封装，在__getitem__()函数中定义了每条数据，包括 text 和 label 两个字段，最后初始化训练数据集，并查看训练数据集的长度和一条数据样例。运行结果如下：

```
(9600, ('非常不错，服务很好，位于市中心区，交通方便，不过价格也高！', 1))
```

可见训练数据集包括 9600 条数据，每条数据包括一条评论文本和一个标识，表明这是一条好评还是差评。值得注意的是，此处的数据依然是文本数据，还没有被编码器编码。

3. 定义计算设备

对于大多数的神经网络计算来讲，在 CUDA 计算平台上进行计算比在 CPU 上要快。由于本章使用 PyTorch 框架进行计算，而 PyTorch 支持使用 NVIDIA 的 CUDA 计算平台，所以如果环境中存在 CUDA 计算设备，则可使用 CUDA 计算设备进行计算，这可以极大地加速模型的训练和测试过程。代码如下：

```
#第 7 章/定义计算设备
device = 'cpu'
if torch.cuda.is_available():
    device = 'CUDA'
device
```

这段代码判断了环境中是否存在支持 CUDA 的计算设备，这可能是一块 GPU，也可能是一块 TPU，如果没有找到任何 CUDA 设备，则使用 CPU 进行计算，运行结果如下：

```
'CUDA'
```

很幸运，在笔者的环境中存在 CUDA 设备，所以可以使用该设备加速训练的过程，如果读者的环境中没有该设备也不用担心，使用 CPU 也可以计算，只是时间可能稍长。

4. 定义数据整理函数

之前在定义数据集时可以看到，数据集中的每条数据依然是抽象的文本数据，还没有经过编码工具的编码，而预训练模型需要编码之后的数据才能计算，所以需要一个把文本句子编码的过程。

另一方面，在训练模型时数据集往往很大，如果一条一条地处理效率太低，现实中往往一批一批地处理数据，能够更快速地处理数据，同时从梯度下降角度来讲，批数据的梯度方差小（相对于一条数据来讲），能让模型更稳定地更新参数。

综上所述，需要定义一个数据整理函数，它具有批量编码一批文本数据的功能。代码如下：

```
#第 7 章/数据整理函数
def collate_fn(data):
    sents = [i[0] for i in data]
    labels = [i[1] for i in data]
```

```
#编码
data = token.batch_encode_plus(batch_text_or_text_pairs=sents,
                               truncation=True,
                               padding='max_length',
                               max_length=500,
                               return_tensors='pt',
                               return_length=True)
#input_ids:编码之后的数字
#attention_mask:补零的位置是0，其他位置是1
input_ids = data['input_ids']
attention_mask = data['attention_mask']
token_type_ids = data['token_type_ids']
labels = torch.LongTensor(labels)
#把数据移动到计算设备上
input_ids = input_ids.to(device)
attention_mask = attention_mask.to(device)
token_type_ids = token_type_ids.to(device)
labels = labels.to(device)
return input_ids, attention_mask, token_type_ids, labels
```

在这段代码中，入参的 data 表示一批数据，取出其中的句子和标识，分别为两个 list，代码中命名为 sents 和 labels。

使用编码工具编码这一批句子，在参数中将编码后的结果指定为确定的 500 个词，超过500 个词的句子将被截断，而不足 500 个词的句子将被补充 PAD，直到 500 个词。

在编码时，通过参数 return_tensors='pt'让编码的结果为 PyTorch 的 Tensor 格式，这免去了后续转换数据格式的麻烦。

之后取出编码的结果，并把 labels 也转换为 PyTorch 的 Tensor 格式，再把它们都移动到之前定义好的计算设备上，最后把这些数据全部返回，至此数据整理函数的工作完毕。

定义好了数据整理函数，不妨假定一批数据，让数据整理函数进行试算，以观察数据整理函数的输入和输出，代码如下：

```
#第 7 章/数据整理函数试算
#模拟一批数据
data = [
    ('你站在桥上看风景', 1),
    ('看风景的人在楼上看你', 0),
    ('明月装饰了你的窗子', 1),
    ('你装饰了别人的梦', 0),
]
#试算
input_ids, attention_mask, token_type_ids, labels = collate_fn(data)
input_ids.shape, attention_mask.shape, token_type_ids.shape, labels
```

在这段代码中先虚拟了一批数据，这批数据中包括4个句子，输入数据整理函数后，运行结果如下：

```
(torch.Size([4, 500]),
 torch.Size([4, 500]),
 torch.Size([4, 500]),
 tensor([1, 0, 1, 0], device='CUDA:0'))
```

可见编码之后的结果都是确定的500个词，并且每个结果都被移动到可用的计算设备上，这方便了后续的计算。

5. 定义数据集加载器

定义了数据集和数据整理函数之后，可以定义数据集加载器，它能使用数据整理函数来成批地处理数据集中的数据，代码如下：

```
#第7章/数据集加载器
loader = torch.utils.data.DataLoader(dataset=dataset,
                                     batch_size=16,
                                     collate_fn=collate_fn,
                                     shuffle=True,
                                     drop_last=True)
len(loader)
```

在这段代码中，使用 PyTorch 提供的工具类定义数据集加载器，下面对数据集加载器的各个参数进行说明。

（1）参数 dataset=dataset：表示要加载的数据集，此处使用了之前定义好的训练数据集，所以此处的加载器为训练数据集加载器，区别于测试数据集加载器。

（2）参数 batch_size=16：表示每个批次中包括 16 条数据。

（3）参数 collate_fn=collate_fn：表示要使用的数据整理函数，这里使用了之前定义好的数据整理函数。

（4）参数 shuffle=True：表示打乱各个批次之间的顺序，让数据更加随机。

（5）参数 drop_last=True：表示当剩余的数据不足 16 条时，丢弃这些尾数。

在代码的最后还输出了这个加载器一共有多少个批次，运行结果如下：

```
600
```

可见训练数据集加载器一共有 600 个批次。

定义好了数据集加载器之后，可以查看一批数据样例，代码如下：

```
#第7章/查看数据样例
for i, (input_ids, attention_mask, token_type_ids,
        labels) in enumerate(loader):
    break
input_ids.shape, attention_mask.shape, token_type_ids.shape, labels
```

运行结果如下：

```
(torch.Size([16, 500]),
 torch.Size([16, 500]),
 torch.Size([16, 500]),
 tensor([0, 0, 1, 0, 0, 0, 1, 1, 0, 0, 1, 1, 0, 1, 1, 1], device='CUDA:0'))
```

这个结果其实就是数据整理函数的计算结果，只是句子的数量更多。

7.4.2　定义模型

1. 加载预训练模型

完成以上准备工作，现在数据的结构已经准备好，可以输入模型进行计算了，即可以加载预训练模型了，代码如下：

```
#第 7 章/加载预训练模型
from transformers import BertModel
pretrained = BertModel.from_pretrained('bert-base-chinese')
#统计参数量
sum(i.numel() for i in pretrained.parameters()) / 10000
```

此处加载的模型为 bert-base-chinese 模型，和编码工具的名字一致，注意模型和其编码工具往往配套使用。对于本章中的中文情感分类任务而言，这个模型不是唯一的选择，如果想试试其他的模型，则应选择一个支持中文的模型。

在代码的最后，输出了模型的参数量，运行结果如下：

```
10226.7648
```

可见 bert-base-chinese 模型的参数量约为 1 亿个。这个模型的体量是比较大的。

由于 bert-base-chinese 模型的体量较大，如果要训练它，对计算资源的要求较高，而对于本次的任务（二分类任务）来讲，则可以选择不训练它，只是作为一个特征提取器。这样便避免了训练这个笨重的模型，节约了计算的资源和时间，而要做到这一点，需要冻结 bert-base-chinese 模型的参数，不计算它的梯度，进而不更新它的参数，代码如下：

```
#第 7 章/不训练预训练模型，不需要计算梯度
for param in pretrained.parameters():
    param.requires_grad_(False)
```

通过这段代码即可冻结 bert-base-chinese 模型的参数。

定义好预训练模型之后，可以进行一次试算，观察模型的输入和输出，代码如下：

```
#第 7 章/预训练模型试算
#设定计算设备
pretrained.to(device)
#模型试算
```

```
out = pretrained(input_ids=input_ids,
                 attention_mask=attention_mask,
                 token_type_ids=token_type_ids)
out.last_hidden_state.shape
```

在这段代码中，首先把预训练模型移动到计算设备上，如果模型和数据不在同一个设备上，则无法计算。对于笔者的运行环境来讲，它们都会被移动到一个 CUDA 设备上。

之后把之前得到的样例数据输入预训练模型中，得到的计算结果为一个 BaseModelOutputWithPoolingAndCrossAttentions 对象，其中包括 last_hidden_state 和 pooler_output 两个字段，此处只关心 last_hidden_state 字段，取出该字段并输出其形状，运行结果如下：

```
torch.Size([16, 500, 768])
```

样例数据为 16 句话的编码结果，从预训练模型的计算结果可以看出，这也是 16 句话的结果，每句话包括 500 个词，每个词被抽成一个 768 维的向量。到此为止，通过预训练模型成功地把 16 句话转换为一个特征向量矩阵，可以接入下游任务模型做分类或者回归任务。

2. 定义下游任务模型

完成以上工作，现在可以定义下游任务模型了。下游任务模型的任务是对 backbone 抽取的特征进行进一步计算，得到符合业务需求的计算结果。对于本章的任务来讲，需要计算一个二分类的结果，和数据集中真实的 label 保持一致，代码如下：

```
#第7章/定义下游任务模型
class Model(torch.nn.Module):
    def __init__(self):
        super().__init__()
        self.fc = torch.nn.Linear(768, 2)
    def forward(self, input_ids, attention_mask, token_type_ids):
        #使用预训练模型抽取数据特征
        with torch.no_grad():
            out = pretrained(input_ids=input_ids,
                             attention_mask=attention_mask,
                             token_type_ids=token_type_ids)
        #对抽取的特征只取第1个字的结果做分类即可
        out = self.fc(out.last_hidden_state[:, 0])
        out = out.Softmax(dim=1)
        return out
model = Model()
#设定计算设备
model.to(device)
#试算
model(input_ids=input_ids,
      attention_mask=attention_mask,
```

```
token_type_ids=token_type_ids).shape
```

在这段代码中，定义了下游任务模型，该模型只包括一个全连接的线性神经网络，权重矩阵为 768×2，所以它能够把一个 768 维度的向量转换到二维空间中。

下游任务模型的计算过程为，获取了一批数据之后，使用 backbone 将这批数据抽取成特征矩阵，抽取的特征矩阵的形状应该是 16×500×768，这在之前预训练模型的试算中已经看到。这 3 个维度分别代表了 16 句话、500 个词、768 维度的特征向量。

之后下游任务模型丢弃了 499 个词的特征，只取得第 1 个词（索引为 0）的特征向量，对应编码结果中的[CLS]，把特征向量矩阵变成了 16×768。相当于把每句话变成了一个 768 维度的向量。

注意：之所以只取了第 0 个词的特征做后续的判断计算，这和预训练模型 BERT 的训练方法有关系，具体可见"手动实现 BERT"章。

之后再使用自己的全连接线性神经网络把 16×768 特征矩阵转换到 16×2，即为要求的二分类结果。

在代码的最后对该模型进行试算，运行结果如下：

```
torch.Size([16, 2])
```

可见，这就是要求的 16 句话的二分类的结果。

7.4.3　训练和测试

1. 训练

模型定义之后，接下来就可以对模型进行训练了，代码如下：

```
#第 7 章/训练
from transformers import AdamW
from transformers.optimization import get_scheduler
def train():
    #定义优化器
    optimizer = AdamW(model.parameters(), lr=5e-4)
    #定义 loss 函数
    criterion = torch.nn.CrossEntropyLoss()
    #定义学习率调节器
    scheduler = get_scheduler(name='linear',
                              num_warmup_steps=0,
                              num_training_steps=len(loader),
                              optimizer=optimizer)
    #将模型切换到训练模式
    model.train()
    #按批次遍历训练集中的数据
```

```
for i, (input_ids, attention_mask, token_type_ids,
        labels) in enumerate(loader):
    #模型计算
    out = model(input_ids=input_ids,
                attention_mask=attention_mask,
                token_type_ids=token_type_ids)
    #计算loss并使用梯度下降法优化模型参数
    loss = criterion(out, labels)
    loss.backward()
    optimizer.step()
    scheduler.step()
    optimizer.zero_grad()
    #输出各项数据的情况，便于观察
    if i % 10 == 0:
        out = out.argmax(dim=1)
        accuracy = (out == labels).sum().item() / len(labels)
        lr = optimizer.state_dict()['param_groups'][0]['lr']
        print(i, loss.item(), lr, accuracy)
train()
```

在这段代码中，首先定义了优化器、loss 计算函数、学习率调节器，其中优化器使用了 HuggingFace 提供的 AdamW 优化器，这是传统的 Adam 优化器的改进版本，在自然语言处理任务中，该优化器往往能取得比 Adam 优化器更好的成绩，并且计算效率更高。

学习率调节器也使用了 HuggingFace 提供的线性学习率调节器，它能在训练的过程中，让学习率缓慢地下降，而不是使用始终如一的学习率，因为在训练的后期阶段，需要更小的学习率来微调参数，这有利于 loss 下降到更低的点。

由于本章的任务为分类任务，所以使用的 loss 计算函数为 CrossEntropyLoss，即交叉熵计算函数。

之后把下游任务模型切换到训练模式，即可开始训练。训练的过程为不断地从数据集加载器中获取一批一批的数据，让模型进行计算，用模型计算的结果和真实的 labels 计算 loss，根据 loss 计算模型中所有参数的梯度，并执行梯度下降优化参数。

最后，每优化 10 次模型参数，就计算一次当前模型预测结果的正确率，并输出模型的 loss 和优化器的学习率，最终训练完毕后，输出的观察数据见表 7-3。

从表 7-3 可以看出，在训练到大约 200 个 steps 时，模型已经能够达到大约 85%的正确率，并且能够观察到 loss 是随着训练的进程在不断地下降，学习率也如预期的一样，也在缓慢地下降。

表7-3 训练过程输出

steps	loss	lr	accuracy	steps	loss	lr	accuracy
0	0.692693	0.000499	0.375	300	0.371254	0.000249	1
10	0.66144	0.000491	0.5	310	0.506346	0.000241	0.8125
20	0.600358	0.000483	0.8125	320	0.478085	0.000233	0.875
30	0.624581	0.000474	0.75	330	0.461335	0.000224	0.875
40	0.587685	0.000466	0.75	340	0.542742	0.000216	0.75
50	0.535824	0.000458	0.875	350	0.744731	0.000208	0.5
60	0.508649	0.000449	0.9375	360	0.490749	0.000199	0.8125
70	0.605484	0.000441	0.6875	370	0.451857	0.000191	0.9375
80	0.487557	0.000433	0.875	380	0.48607	0.000183	0.8125
90	0.543797	0.000424	0.75	390	0.487101	0.000174	0.8125
100	0.48173	0.000416	0.9375	400	0.423381	0.000166	0.9375
110	0.494665	0.000408	0.8125	410	0.417481	0.000158	0.9375
120	0.480185	0.000399	0.875	420	0.429209	0.000149	0.9375
130	0.533407	0.000391	0.75	430	0.471745	0.000141	0.875
140	0.474239	0.000383	0.875	440	0.362026	0.000133	1
150	0.436282	0.000374	1	450	0.390014	0.000124	0.9375
160	0.447858	0.000366	0.9375	460	0.560056	0.000116	0.75
170	0.43618	0.000358	0.9375	470	0.471523	0.000108	0.8125
180	0.435904	0.000349	0.9375	480	0.523185	9.92E−05	0.75
190	0.487511	0.000341	0.8125	490	0.445519	9.08E−05	0.8125
200	0.455736	0.000333	0.875	500	0.43503	8.25E−05	0.9375
210	0.418851	0.000324	0.9375	510	0.469274	7.42E−05	0.8125
220	0.441036	0.000316	0.875	520	0.436347	6.58E−05	0.875
230	0.436237	0.000308	0.9375	530	0.46287	5.75E−05	0.8125
240	0.4706	0.000299	0.8125	540	0.465534	4.92E−05	0.875
250	0.476766	0.000291	0.875	550	0.473686	4.08E−05	0.875
260	0.400807	0.000283	1	560	0.38736	3.25E−05	1
270	0.411993	0.000274	0.9375	570	0.575354	2.42E−05	0.75
280	0.421883	0.000266	0.9375	580	0.507916	1.58E−05	0.6875
290	0.550657	0.000258	0.8125	590	0.373453	7.50E−06	1

2. 测试

对训练好的模型进行测试，以验证训练的有效性，代码如下：

```python
#第 7 章/测试
def test():
    #定义测试数据集加载器
    loader_test = torch.utils.data.DataLoader(dataset=Dataset('test'),
                                              batch_size=32,
                                              collate_fn=collate_fn,
                                              shuffle=True,
                                              drop_last=True)

    #将下游任务模型切换到运行模式
    model.eval()
    correct = 0
    total = 0
    #按批次遍历测试集中的数据
    for i, (input_ids, attention_mask, token_type_ids,
            labels) in enumerate(loader_test):
        #计算 5 个批次即可，不需要全部遍历
        if i == 5:
            break
        print(i)
        #计算
        with torch.no_grad():
            out = model(input_ids=input_ids,
                        attention_mask=attention_mask,
                        token_type_ids=token_type_ids)
        #统计正确率
        out = out.argmax(dim=1)
        correct += (out == labels).sum().item()
        total += len(labels)
    print(correct / total)
test()
```

在这段代码中，首先定义了测试数据集和加载器，并取出 5 个批次的数据让模型进行预测，最后统计正确率并输出，运行结果如下：

```
0.875
```

最终模型取得了 87.5% 的正确率，这个正确率虽然不是很高，但验证了下游任务模型，即使在不训练 backbone 的情况下也能达到一定的成绩，如果这个程序已经能满足业务要求，则可以免去对 backbone 的训练。

7.5　小结

　　本章通过一个情感分类的例子讲解了使用 BERT 预训练模型抽取文本特征数据的方法，使用 BERT 作用 backbone，相对于传统的 RNN 而言计算量会大一些，但 BERT 抽取的信息更完整，更容易被下游任务模型总结出统计规律，所以在使用 BERT 作为 backbone 时可以适当地减少下游任务模型的训练量。此外，由于使用的 BERT 模型是预训练的，所以可以不对其进行训练，这大大节约了计算量，同时也能取得不错的效果。

第 8 章

实战任务 2：中文填空

8.1 任务简介

人类在阅读一个句子时，即使挖掉句子中的一两个词，往往也能根据上下文猜出被挖掉的是什么词，这被称作填空任务，例如如下是一道典型的填空题：

"外观很漂亮，特别____合女孩子使用。"

人类很容易就能猜出横线处应该填写"适"字，这样才能符合上下文的语义，而人类是通过从小到大每天的听、说、读、写交流获得这样的普遍性知识的。自然语言虽然复杂，但却有着明显的统计规律，而神经网络最擅长的就是找出统计规律，所以本章将尝试使用预训练神经网络完成填空任务。

8.2 数据集介绍

本章所使用的数据集依然是 ChnSentiCorp 数据集，这是一个情感分类数据集，每条数据中包括一句购物评价，以及一个标识，由于本章的任务为填空任务，所以只需文本就可以了，不需要分类标识。

在数据处理的过程中，会把每句话的第 15 个词挖掉，也就是替换成特殊符号[MASK]，并且每句话会被截断成固定的 30 个词的长度，神经网络的任务就是根据每句话的上下文，把第 15 个词预测出来。

本次任务的部分数据样例见表 8-1，通过该表读者可对本次任务数据集有直观的认识。

表 8-1　ChnSentiCorp 数据集数据样例

文　本	答　案
外观很漂亮，特别适合女孩子使[MASK]，买粉色送给老婆的，她看了……	用
我家小朋友说两只小老鼠好可爱[MASK]，她非常喜欢看，就因为看了……	哦
值得一看，书里提出的问题值得[MASK]考，说得不无道理。个人支持……	思
不好，每篇文章都很短，看起来[MASK]不痛快，刚刚看个开头就结束了……	很
这是一本小学读物，用以前评书[MASK]方式去写书，深得小学生的喜……	的

续表

文　本	答　案
性价比很高的一家，也是我目前[MASK]满意的一家。门口就有便利……	最
一开始我是看了当当上的推荐，[MASK]不一样的卡梅拉这套书是亚马……	说
仔细读纳兰词会发现，豪放是外[MASK]的风骨，忧伤才是内敛的精魂……	放
餐厅很差，菜的种类水准都不行[MASK]酒店基本没有旅游配套服务……	。
酒店在大佛寺景点对面，高速下[MASK]很容易找到。酒店贵宾楼大床……	来
环境和服务都比较不错，最大的[MASK]憾是，早上打扫非常不……	缺
从重庆过来，机场下来已经是下[MASK]5点多了，结果房间没有打扫……	午

8.3　模型架构

在本次任务中，依然将一个预训练的 BERT 模型当作 backbone 网络层使用，使用该 backbone 来抽取文本数据特征，后续接入下游任务模型来把抽取的数据特征还原为任务需要的答案。由于填空任务的答案可能是词表中的任何一个词，所以这可以视为一个多分类任务，分类的数目为整个词表的词数量。

本次任务的计算流程如图 8-1 所示，首先把文本数据输入 backbone 网络抽取数据特征，再把数据特征输入下游任务模型进行计算，下游任务模型将把数据特征投影到全体词表空间，即可得出最终的预测词。

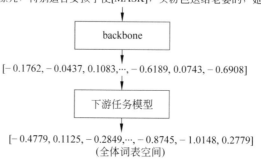

图 8-1　使用 backbone 的网络计算过程

在本次任务中，将忽略对 backbone 的训练，只是将 backbone 当作一个数据特征抽取层使用。在训练过程中，只训练下游任务模型，这将节约宝贵的计算资源，但会降低预测正确率。如果读者对预测正确率有较高要求，则可以连同 backbone 共同参与训练，能有效地提高预测正确率，但需要更多的训练时间和训练数据。

8.4　实现代码

8.4.1　准备数据集

1. 使用编码工具

首先需要加载编码工具，编码工具能够把抽象的文字转换成数字，便于神经网络的后续处理，本章使用的编码工具依然是 bert-base-chinese 编码工具，这个编码工具在"实战任务1：中文情感分类"一章中已经详细介绍了，此处不再赘述，仅给出代码，代码如下：

```
#第8章/加载编码工具
from transformers import BertTokenizer
token = BertTokenizer.from_pretrained('bert-base-chinese')
token
```

运行结果如下：

```
PreTrainedTokenizer(name_or_path='bert-base-chinese', vocab_size=21128,
model_max_len=512, is_fast=False, padding_side='right', truncation_side='right',
special_tokens={'unk_token':'[UNK]', 'sep_token':'[SEP]', 'pad_token':'[PAD]',
'cls_token': '[CLS]', 'mask_token': '[MASK]'})
```

加载编码工具之后，不妨进行一次试算，以便更清晰地观察编码工具的输入和输出，代码如下：

```
#第8章/试编码句子
out = token.batch_encode_plus(
    batch_text_or_text_pairs=['轻轻地我走了，正如我轻轻地来。', '我轻轻地招手，作别西天的云彩。'],
    truncation=True,
    padding='max_length',
    max_length=18,
    return_tensors='pt',
    return_length=True)
#查看编码输出
for k, v in out.items():
    print(k, v.shape)
#把编码还原为句子
print(token.decode(out['input_ids'][0]))
```

在这段代码中，让编码工具试编码了两个句子，运行结果如下：

```
input_ids torch.Size([2, 18])
token_type_ids torch.Size([2, 18])
length torch.Size([2])
```

```
attention_mask torch.Size([2, 18])
[CLS] 轻 轻 地 我 走 了, 正 如 我 轻 轻 地 来。 [SEP] [PAD]
```

编码工具工作的方法和编码时各个参数的含义及编码结果在"编码工具"一章已有详细解读，此处不再赘述，如果读者对编码结果还不理解，则可以参考"编码工具"一章。

2. 定义数据集

在本次任务中，依然将使用 ChnSentiCorp 数据集，但需要对数据集进行一些操作，将它变成一个填空任务数据集。在开始处理之前，首先需要加载数据集，代码如下：

```
#第 8 章/加载数据集
from datasets import load_from_disk
dataset = load_from_disk('./data/ChnSentiCorp')
dataset
```

在这段代码中，加载了 ChnSentiCorp 数据集，运行结果如下：

```
DatasetDict({
    train: Dataset({
        features: ['text', 'label'],
        num_rows: 9600
    })
    validation: Dataset({
        features: ['text', 'label'],
        num_rows: 0
    })
    test: Dataset({
        features: ['text', 'label'],
        num_rows: 1200
    })
})
```

可见训练数据集包括 9600 条数据，每条数据中包括两个字段，分别为 text 和 label。由于本章要做的任务是填空任务，所以并不需要 label 字段，后续将把这个字段丢弃，并建立真正需要的 label。

有了文本数据之后，接下来需要对这些文本数据进行编码，便于后续的处理，代码如下：

```
#第 8 章/编码数据，同时删除多余的字段
def f(data):
    return token.batch_encode_plus(batch_text_or_text_pairs=data['text'],
                                   truncation=True,
                                   padding='max_length',
                                   max_length=30,
                                   return_length=True)
dataset = dataset.map(function=f,
```

```
                    batched=True,
                    batch_size=1000,
                    num_proc=4,
                    remove_columns=['text', 'label'])
dataset
```

在这段代码中，使用了之前加载的编码工具，对数据集中的 text 字段进行了编码，编码的结果同之前编码器的试算结果一致。

（1）参数 truncation=True 和 max_length=30 意味着编码结果的长度不会长于 30 个词，超出 30 个词的部分会被截断。

（2）参数 padding='max_length'表明不足 30 个词的句子会被补充 PAD，直到达到 30 个词的长度。

（3）参数 return_length=True 会让编码结果中多出一个 length 字段，表明这段数据的长度，由于 PAD 不会被计算在长度内，所以 length 一定小于或等于 30，这个字段方便了后续的数据过滤。

在数据集上调用 map()函数时使用了批处理加速，每 1000 条数据为一个批次调用一次编码函数，关于数据集的批处理加速在"数据集"一章已经详细介绍，如果读者对此感到困惑，则可以参考"数据集"一章。

调用 map()函数时还指定了参数 remove_columns=['text', 'label']：表示丢弃原数据中的 text 和 label 数据，只需编码的结果。

以上代码的运行结果如下：

```
DatasetDict({
    train: Dataset({
        features: ['input_ids', 'token_type_ids', 'length', 'attention_mask'],
        num_rows: 9600
    })
    validation: Dataset({
        features: [],
        num_rows: 0
    })
    test: Dataset({
        features: ['input_ids', 'token_type_ids', 'length', 'attention_mask'],
        num_rows: 1200
    })
})
```

由于编码结果和原句子是一一对应的关系，并不会导致数据的增加或者减少，所以数据的数量没有变化，但是每条数据的字段都变化了，原本的 text 和 label 字段被丢弃，取而代之的是编码器编码的结果。

在编码的过程中，把所有长于 30 个词的句子都截断了，现在所有的句子的长度都小于或等于 30 个词了。接下来要把所有小于 30 个词的句子丢弃，确保所有输入模型训练的句子都刚好 30 个词，由于在编码过程中让编码器返回了每句话的长度，所以很容易完成这个过滤，代码如下：

```
#第8章/过滤掉太短的句子
def f(data):
    return [i >= 30 for i in data['length']]
dataset = dataset.filter(function=f, batched=True, batch_size=1000,
num_proc=4)
dataset
```

在这段代码中，以每句话的长度来过滤数据，把长度少于 30 个词的句子丢弃，在 filter() 函数中使用的各个参数的意思和 map() 中的相同，运行结果如下：

```
DatasetDict({
    train: Dataset({
        features: ['input_ids', 'token_type_ids', 'length', 'attention_mask'],
        num_rows: 9286
    })
    validation: Dataset({
        features: [],
        num_rows: 0
    })
    test: Dataset({
        features: ['input_ids', 'token_type_ids', 'length', 'attention_mask'],
        num_rows: 1157
    })
})
```

可以看到在训练集中少了 314 条数据，在测试集中少了 43 条，这个数据损失的量在可接受的范围内。以此为代价，现在所有数据的长度都是 30 个词了，这方便了后续的数据处理工作。

3. 定义计算设备

关于计算设备在"实战任务 1：中文情感分类"一章中已经详细介绍，此处不再赘述，仅给出代码，代码如下：

```
#第8章/定义计算设备
device = 'cpu'
if torch.cuda.is_available():
    device = 'CUDA'
device
```

运行结果如下：

```
'CUDA'
```

4. 定义数据整理函数

本次的任务为填空任务，现在的数据中每句话都是由 30 个词组成的，所以可以把每句话的第 15 个词挖出作为 label，也就是网络模型预测的目标，为了防止网络直接从原句子中读取答案，把每句话的第 15 个词替换为[MASK]。相当于在需要网络模型填答案的位置画横线，同时擦除正确答案。网络模型需要根据[MASK]的上下文把[MASK]处原本的词预测出来。

上述工作将在数据整理函数中完成，数据整理函数还有把多条数据合并为一个批次的功能。使用批量数据训练不仅能提高数据处理的速度，节约训练、测试的时间，还能让 loss 的梯度更平稳，让模型参数更稳定地更新。

在本章中使用的数据整理函数的代码如下：

```
#第 8 章/数据整理函数
def collate_fn(data):
    #取出编码结果
    input_ids = [i['input_ids'] for i in data]
    attention_mask = [i['attention_mask'] for i in data]
    token_type_ids = [i['token_type_ids'] for i in data]
    #转换为 Tensor 格式
    input_ids = torch.LongTensor(input_ids)
    attention_mask = torch.LongTensor(attention_mask)
    token_type_ids = torch.LongTensor(token_type_ids)
    #把第 15 个词替换为 MASK
    labels = input_ids[:, 15].reshape(-1).clone()
    input_ids[:, 15] = token.get_vocab()[token.mask_token]
    #移动到计算设备
    input_ids = input_ids.to(device)
    attention_mask = attention_mask.to(device)
    token_type_ids = token_type_ids.to(device)
    labels = labels.to(device)
    return input_ids, attention_mask, token_type_ids, labels、
```

在这段代码中，入参的 data 表示一批数据，其中的内容为编码工具编码的结果。

由于编码时并未指定返回 PyTorch 的 Tensor 格式数据，所以在数据整理函数中把数据整理为 Tensor 格式，整理成 Tensor 格式后，数据的表现形式为 b×30 的矩阵，其中 b 表示 batch size，这是由数据集加载器确定的批次大小。

接下来把 input_ids 矩阵中的第 15 个字克隆一份，定义为 labels，也就是网络模型要预测的目标，并把 input_ids 矩阵中的第 15 个字替换为[MASK]，相当于从题目中擦除答案，画上横线。

接下来把 3 个矩阵移动到之前定义好的计算设备上，方便后续的模型计算。

定义好了数据整理函数，不妨假定一批数据，让数据整理函数进行试算，以观察数据整

理函数的输入和输出，代码如下：

```
#第8章/数据整理函数试算
#模拟一批数据
data = [{
    'input_ids': [
        101, 2769, 3221, 3791, 6427, 1159, 2110, 5442, 117, 2110, 749, 8409,
        702, 6440, 3198, 4638, 1159, 5277, 4408, 119, 1728, 711, 2769, 3221,
        5439, 2399, 782, 117, 3791, 102
    ],
    'token_type_ids': [0] * 30,
    'attention_mask': [1] * 30
}, {
    'input_ids': [
        101, 679, 7231, 8024, 2376, 3301, 1351, 6848, 4638, 8024, 3301, 1351,
        3683, 6772, 4007, 2692, 8024, 2218, 3221, 100, 2970, 1366, 2208, 749,
        8024, 5445, 684, 1059, 3221, 102
    ],
    'token_type_ids': [0] * 30,
    'attention_mask': [1] * 30
}]
#试算
input_ids, attention_mask, token_type_ids, labels = collate_fn(data)
#把编码还原为句子
print(token.decode(input_ids[0]))
print(token.decode(labels[0]))
input_ids.shape, attention_mask.shape, token_type_ids.shape, labels
```

在这段代码中先虚拟了一批数据，这批数据中包括两个句子，输入数据整理函数后，运行结果如下：

```
[CLS] 我 是 法 语 初 学 者, 学 了 78 个 课 时 [MASK] 初 级 班. 因 为 我 是 老 年 人,
法 [SEP] 的
(torch.Size([2, 30]),
 torch.Size([2, 30]),
 torch.Size([2, 30]),
 tensor([4638, 2692], device='CUDA:0'))
```

可以看到第一句话的[MASK]处应该填写"的"字，这也比较符合自然语义。此外可以看到编码之后的结果都是确定的 30 个词，并且每个结果都被移动到了可用的计算设备上，这方便了后续的计算。

5. 定义数据集加载器

关于数据集加载器在第 7 章中已经详细介绍，此处不再赘述，仅给出代码，代码如下：

```
#第8章/定义数据集加载器
loader = torch.utils.data.DataLoader(dataset=dataset['train'],
                                     batch_size=16,
                                     collate_fn=collate_fn,
                                     shuffle=True,
                                     drop_last=True)
len(loader)
```

运行结果如下：

```
580
```

可见训练数据集加载器一共加载了 580 个批次。

定义好了数据集加载器之后，可以查看一批数据样例，代码如下：

```
#第8章/查看数据样例
for i, (input_ids, attention_mask, token_type_ids,
        labels) in enumerate(loader):
    break
print(token.decode(input_ids[0]))
print(token.decode(labels[0]))
input_ids.shape, attention_mask.shape, token_type_ids.shape, labels
```

运行结果如下：

```
[CLS] 位 于 友 谊 路 金 融 街, 找 不 到 吃 饭 [MASK] 地 方。酒 店 刚 刚 装 修 好, 有
点 [SEP] 的
(torch.Size([16, 30]),
 torch.Size([16, 30]),
 torch.Size([16, 30]),
 tensor([4638, 6230,  511, 7313, 3221, 7315, 6820, 6858, 7564, 3211, 1690,
3315, 3300,  172, 6821, 1126], device='CUDA:0'))
```

这段代码把一批数据中的第 1 条还原为了文本形式，便于人类观察，可以看到这段文本的[MASK]处应该填写"的"字，这比较符合自然语义。

样例数据的结果其实就是数据整理函数的计算结果，只是句子的数量更多。

8.4.2 定义模型

1. 加载预训练模型

关于预训练模型在第 7 章中已经详细介绍，此处不再赘述，仅给出代码，代码如下：

```
#第8章/加载预训练模型
from transformers import BertModel
pretrained = BertModel.from_pretrained('bert-base-chinese')
#统计参数量
```

```
sum(i.numel() for i in pretrained.parameters()) / 10000
```

在代码的最后，输出了模型的参数量，运行结果如下：

```
10226.7648
```

可见 bert-base-chinese 模型的参数量约为 1 亿个，在本次任务中选择不训练它，代码如下：

```
#第8章/不训练预训练模型，不需要计算梯度
for param in pretrained.parameters():
    param.requires_grad_(False)
```

定义好预训练模型之后，可以进行一次试算，代码如下：

```
#第8章/预训练模型试算
#设定计算设备
pretrained.to(device)
#模型试算
out = pretrained(input_ids=input_ids,
                attention_mask=attention_mask,
                token_type_ids=token_type_ids)
out.last_hidden_state.shape
```

运行结果如下：

```
torch.Size([16, 30, 768])
```

此处输入的数据就是之前看到的样例数据，从预训练模型的计算结果可以看出，这也是 16 句话的结果，每句话包括 30 个词，每个词被抽成了一个 768 维的向量。到此为止，通过预训练模型成功地把 16 句话转换为一个特征向量矩阵，可以接入下游任务模型做分类或者回归任务。

2. 定义下游任务模型

完成以上工作后，现在可以定义下游任务模型了，下游任务模型的任务是对 backbone 抽取的特征进行下一步计算，得到符合业务需求的计算结果，对于本章的任务来讲，需要计算一个多分类的结果，类别的数目等于整个词表的词数量，模型理想的计算结果为数据集中的 label 字段，代码如下：

```
#第8章/定义下游任务模型
class Model(torch.nn.Module):
    def __init__(self):
        super().__init__()
        self.decoder = torch.nn.Linear(in_features=768,
                                out_features=token.vocab_size,
                                bias=False)
        #重新将 decode 中的 bias 参数初始化为全 0
```

```
        self.bias = torch.nn.Parameter(data=torch.zeros(token.vocab_size))
        self.decoder.bias = self.bias
        #定义DropOut层，防止过拟合
        self.DropOut = torch.nn.DropOut(p=0.5)
    def forward(self, input_ids, attention_mask, token_type_ids):
        #使用预训练模型抽取数据特征
        with torch.no_grad():
            out = pretrained(input_ids=input_ids,
                             attention_mask=attention_mask,
                             token_type_ids=token_type_ids)
        #把第15个词的特征投影到全字典范围内
        out = self.DropOut(out.last_hidden_state[:, 15])
        out = self.decoder(out)
        return out
model = Model()
#设定计算设备
model.to(device)
#试算
model(input_ids=input_ids,
      attention_mask=attention_mask,
      token_type_ids=token_type_ids).shape
```

在这段代码中，定义了下游任务模型，该模型只包括一个全连接的线性神经网络，权重矩阵为 768×21128，所以它能够把一个 768 维度的向量转换到 21 128 维空间中。21 128 这个数字来自编码器的字典空间，它是编码器所认识的字的数量，所以可以理解为下游任务模型可以把 backbone 抽取的数据特征还原为字典中的任何一个字。

下游任务模型的计算过程为，获取一批数据之后，使用 backbone 将这批数据抽取成特征矩阵，抽取的特征矩阵的形状应该是 16×30×768，这在之前预训练模型的试算中已经看到。这 3 个维度分别代表了 16 句话、30 个词、768 维度的特征向量。

在本次的填空任务中，填空处固定出现在每句话的第 15 个词的位置，所以只取出每句话的第 15 个词的特征，再尝试把这个词的特征投影到全体词表空间中，即还原为词典中的某个词。

在投影到全体词表空间中时，由于 768×21128 是一个很大的矩阵，如果直接计算，则很容易导致过拟合，所以对 backbone 抽取的数据特征要接入一个 DropOut 网络，把其中的数据以一定的概率置为 0，防止网络的过拟合。

在代码的最后对该模型进行了试算，运行结果如下：

```
torch.Size([16, 21128])
```

可见，预测结果为 16 句的填空结果，如果在该结果上再套用 Softmax() 函数，则为在全体词表中每个词的概率。

注意：在此处的计算后不建议再套用 Softmax 作为激活函数，因为分类的结果比较多，导致每个类别分到的概率都非常低，套用 Softmax 后大多数类别的概率将非常接近 0，这在计算参数梯度时会出现问题，也就是出现了梯度消失的情况，这不利于模型的训练和收敛，所以不建议在计算过程中套用 Softmax。

8.4.3 训练和测试

1. 训练

模型定义之后，接下来就可以对模型进行训练了，代码如下：

```
#第8章/训练
from transformers import AdamW
from transformers.optimization import get_scheduler
def train():
    #定义优化器
    optimizer = AdamW(model.parameters(), lr=5e-4, weight_decay=1.0)
    #定义loss函数
    criterion = torch.nn.CrossEntropyLoss()
    #定义学习率调节器
    scheduler = get_scheduler(name='linear',
                            num_warmup_steps=0,
                            num_training_steps=len(loader) * 5,
                            optimizer=optimizer)
    #将模型切换到训练模式
    model.train()
    #共训练5个epoch
    for epoch in range(5):
        #按批次遍历训练集中的数据
        for i, (input_ids, attention_mask, token_type_ids,
            labels) in enumerate(loader):
            #模型计算
            out = model(input_ids=input_ids,
                    attention_mask=attention_mask,
                    token_type_ids=token_type_ids)
            #计算loss并使用梯度下降法优化模型参数
            loss = criterion(out, labels)
            loss.backward()
            optimizer.step()
            scheduler.step()
            optimizer.zero_grad()
            #输出各项数据的情况，便于观察
            if i % 50 == 0:
                out = out.argmax(dim=1)
```

```
              accuracy = (out == labels).sum().item() / len(labels)
              lr = optimizer.state_dict()['param_groups'][0]['lr']
              print(epoch, i, loss.item(), lr, accuracy)
    train()
```

在这段代码中，首先定义了优化器、loss 计算函数、学习率调节器，其中优化器使用了 HuggingFace 提供的 AdamW 优化器，这是传统的 Adam 优化器的改进版本，在自然语言处理任务中，该优化器往往能取得比 Adam 优化器更好的成绩，并且计算效率更高。

由于本次的下游任务模型中包含了一个比较大的权重矩阵参数，形状为 768×21128，它很可能导致过拟合，所以在优化过程中加入权重参数二范数衰减，使用 AdamW 参数要做到这一点非常简单，在定义时 AdamW 指定参数 weight_decay 即可，在本章代码中这个参数等于 1.0，权重衰减的生效原理如下：

$$loss = loss + weight\_decay \cdot norm(w) \tag{8-1}$$

从式(8-1)可以看出，权重衰减即为在 loss 的基础上加上 weight_decay 倍的权重的二范数，二范数的计算公式如下：

$$norm(w) = \sqrt{\sum_{i=0} x_i^2} \tag{8-2}$$

从式(8-2)可以看出，二范数衡量了一组数绝对值的大小，在 loss 中加入权重矩阵的二范数后能够约束权重矩阵中数字偏离 0 的绝对值，能够防止绝对值太大的权重出现，进而防止模型的过拟合。

学习率调节器也使用了 HuggingFace 提供的线性学习率调节器，它能在训练的过程中，让学习率缓慢地下降，而不是使用始终如一的学习率，因为在训练的后期，需要更小的学习率来微调参数，这有利于 loss 下降到更低的点。

由于本章的任务为分类任务，所以使用的 loss 计算函数为 CrossEntropyLoss，即交叉熵计算函数。

之后把下游任务模型切换到训练模式，即可开始训练。训练的过程为不断地从数据集加载器中获取一批一批的数据，让模型进行计算，用模型计算的结果和真实的 labels 计算 loss，根据 loss 计算模型中所有参数的梯度，并执行梯度下降优化参数。

最后，每优化 50 次模型参数，就计算一次当前模型预测结果的正确率，并输出模型的 loss 和优化器的学习率，最终训练完毕后，输出的观察数据见表 8-2。

表 8-2 训练过程输出

epochs	steps	loss	lr	accuracy	epochs	steps	loss	lr	accuracy
0	0	10.02245	0.00050	0.00000	0	200	6.47591	0.00047	0.06250
0	50	8.73752	0.00049	0.18750	0	250	3.80031	0.00046	0.43750
0	100	7.15378	0.00048	0.25000	0	300	7.02366	0.00045	0.25000
0	150	6.03680	0.00047	0.25000	0	350	5.19493	0.00044	0.31250

续表

epochs	steps	loss	lr	accuracy	epochs	steps	loss	lr	accuracy
0	400	5.88471	0.00043	0.31250	2	500	2.30659	0.00021	0.68750
0	450	4.16820	0.00042	0.43750	2	550	3.20079	0.00021	0.37500
0	500	6.24073	0.00041	0.37500	3	0	4.25911	0.00020	0.43750
0	550	4.36336	0.00041	0.37500	3	50	2.65927	0.00019	0.75000
1	0	3.57495	0.00040	0.37500	3	100	2.20593	0.00018	0.75000
1	50	4.21926	0.00039	0.37500	3	150	2.55697	0.00017	0.68750
1	100	3.14970	0.00038	0.62500	3	200	1.96937	0.00017	0.87500
1	150	3.07671	0.00037	0.37500	3	250	1.30773	0.00016	0.93750
1	200	3.61376	0.00037	0.56250	3	300	1.97550	0.00015	0.68750
1	250	3.38870	0.00036	0.50000	3	350	2.63103	0.00014	0.50000
1	300	5.34837	0.00035	0.43750	3	400	2.68644	0.00013	0.75000
1	350	2.75063	0.00034	0.62500	3	450	2.83742	0.00012	0.62500
1	400	3.60000	0.00033	0.56250	3	500	2.51999	0.00011	0.75000
1	450	2.45644	0.00032	0.68750	3	550	2.21308	0.00011	0.68750
1	500	2.78668	0.00031	0.56250	4	0	3.36912	0.00010	0.62500
1	550	3.41117	0.00031	0.56250	4	50	2.59006	0.00009	0.43750
2	0	3.25477	0.00030	0.56250	4	100	2.21236	0.00008	0.68750
2	50	2.01454	0.00029	0.75000	4	150	3.92921	0.00007	0.43750
2	100	2.37261	0.00028	0.56250	4	200	1.77267	0.00007	0.75000
2	150	1.84013	0.00027	0.75000	4	250	2.40243	0.00006	0.56250
2	200	3.04104	0.00027	0.43750	4	300	2.84725	0.00005	0.62500
2	250	2.98019	0.00026	0.31250	4	350	2.03722	0.00004	0.81250
2	300	2.78399	0.00025	0.37500	4	400	2.57511	0.00003	0.62500
2	350	3.12790	0.00024	0.43750	4	450	1.93760	0.00002	0.75000
2	400	3.32452	0.00023	0.56250	4	500	2.04699	0.00001	0.68750
2	450	3.73159	0.00022	0.50000	4	550	2.00543	0.00001	0.81250

从表 8-2 可以看出，在全量数据训练了 5 个 epochs，模型的预测正确率在缓慢地上升，并且能够观察到 loss 随着训练的进程在不断地下降，学习率也如预期在缓慢地下降。

2. 测试

最后，对训练好的模型进行测试，以验证训练的有效性，代码如下：

```
#第8章/测试
def test():
    #定义测试数据集加载器
    loader_test = torch.utils.data.DataLoader(dataset=dataset['test'],
```

```
                                        batch_size=32,
                                        collate_fn=collate_fn,
                                        shuffle=True,
                                        drop_last=True)

    #将下游任务模型切换到运行模式
    model.eval()
    correct = 0
    total = 0
    #按批次遍历测试集中的数据
    for i, (input_ids, attention_mask, token_type_ids,
            labels) in enumerate(loader_test):
        #计算15个批次即可，不需要全部遍历
        if i == 15:
            break
        print(i)
        #计算
        with torch.no_grad():
            out = model(input_ids=input_ids,
                        attention_mask=attention_mask,
                        token_type_ids=token_type_ids)
        #统计正确率
        out = out.argmax(dim=1)
        correct += (out == labels).sum().item()
        total += len(labels)
    print(correct / total)
test()
```

在这段代码中，首先定义了测试数据集和加载器，并取出 5 个批次的数据让模型进行预测，最后统计正确率并输出，运行结果如下：

```
0.5645833333333333
```

最终模型取得了约 56.5%正确率的成绩，这个正确率看起来不高，但是需要注意这是一个 21 128 分类的任务，所以能取得 56.5%的正确率验证了下游任务模型，在即使不训练 backbone 的情况下也能取得一定的成绩。如果连同 backbone 模型一起训练，则可以进一步提高预测的正确率，感兴趣的读者可以自行实验。

8.5 小结

本章通过一个填空的例子讲解了使用 BERT 预训练模型抽取文本特征数据的方法，事实上填空任务也是 BERT 模型本身在训练时的一个子任务，所以使用 BERT 模型在做填空任务时效果往往较好，在处理不同的任务时，应该选择合适的预训练模型。

　　填空任务本身可以被视为一个多分类任务,但由于全体词表空间的数量比较大,往往有上万个词,所以是个类别特别多的多分类任务,这导致在输出时很容易过拟合,本章演示了使用 DropOut 层来随机断开部分网络权重和使用权重参数衰减这两种方式来缓解过拟合。

　　分类的类别太多也容易出现梯度消失的问题,所以在下游任务的输出时不能使用 Softmax 函数激活,需要格外注意。

实战任务 3: 中文句子关系推断

9.1 任务简介

本章将使用神经网络判断两个句子是否是连续的关系,以人类的角度来讲,阅读两个句子,很容易就能判断出这两个句子是相连的,还是无关的,所以在本章中,将尝试让神经网络来完成这个任务。

本章依然使用 BERT 模型作为 backbone,使用 BETR 预训练模型来抽取两个句子的文本特征,并在文本特征的基础上做出判断,得出两个句子是相连的,还是无关的结果。BERT 模型在本身的训练过程中,有一个子任务用于判断两个句子的关系,所以使用 BERT 完成这个任务非常合适,本章依然不会对 BERT 模型本身进行训练,只是将 BERT 模型作为 backbone 层使用。完成本任务,只需训练下游任务模型。

9.2 数据集介绍

出于简单起见,本章所使用的数据集依然是 ChnSentiCorp 数据集,对于本章的任务而言,不需要数据集中的 label 字段,只需文本数据,在后续的数据处理过程中,将把文本数据整理成需要的句子对的形式,并且每一对句子都有一个标识,用于表明这两个句子是相连的还是无关的关系,见表 9-1。

表 9-1 句子关系推断数据集样例

句 子 1	句 子 2	标识
地理位置佳,在市中心。酒店服务好、早餐品	法买的。因为我那段时间一直提不起任何兴致	无关
五一期间在这住的,位置还可以,在市委市	政府附近,要去商业区和步行街得打车,屋里	相连
我看过朋友的还可以,但是我订的书迟迟未到	已有半个月,都没有收到,打电话也没有用,以	相连
还不错,设施稍微有点旧,但是可以接受,但是	朋友推荐下我买了一套。没想到孩子特别喜欢	无关
送的内胆包有点不好,还有电源线中间连接	处无法全部插入。续航时间也没有标称的那么	相连

续表

句　子　1	句　子　2	标识
这是我第1次给全五星哦！超级快！这是	最快收到书的一次了。我是中午时订的，	相连
两岁的儿子特别喜欢车，尤其是火车，于是在	朋友的推荐下我买了一套。没想到孩子特别喜欢	相连
有些东西不赞同，事后的捷径，不过如此，年	青人该经历的还是要去体验，否则拥有后还会	相连
拿回家的那天，我女儿第一时间要我给她讲完	可以的，装系统比较麻烦，需要格式化硬盘	无关
没有比这更差的酒店了。房间灯光昏暗，空调	无法调节，前台服务僵化。用早餐时，服务员	相连
语言轻松幽默，阅读起来让人心情大好，内容	实用，但是不喜欢把博客回复内容及跟读者	相连
我家宝宝快两岁了，这套书对于她来讲太简单	了，没有吸引力，我是看了大家的评论才买的	相连
桐华的书貌似我都看过了，都好喜欢，而且都	以，价格比较便宜，含在188元房费里的早餐	无关

9.3 模型架构

与情感分类和填空任务不同，在这两个任务中，输入网络模型的都是一个一个的句子，在句子关系推断任务中，输入网络模型的是一对一对的句子。本次任务的计算流程如图 9-1 所示。

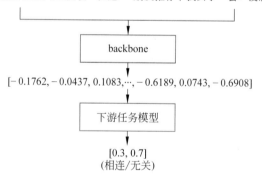

图 9-1　使用 backbone 的网络计算过程

从图 9-1 可以看出，网络的计算过程是先把两句话同时输入 backbone 网络中进行特征抽取，特征是一个向量，再把特征向量输入下游任务模型中进行计算，得出两句话是相连或无关的结果。

在本章中依然不会训练 backbone 层，如果读者对最终预测的性能不满足，则可以通过连同 backbone 一起训练的方式提高性能，不过这需要更强的计算力，更多的训练数据，在本章中不涉及这些内容。

9.4　实现代码

9.4.1　准备数据集

1. 使用编码工具

首先需要加载编码工具。编码工具能够把抽象的文字转换成数字，便于神经网络的后续处理。本章使用的编码工具依然是 bert-base-chinese 编码工具，这个编码工具在第 7 章中已经详细介绍过，此处不再赘述，仅给出代码，代码如下：

```
#第9章/加载编码工具
from transformers import BertTokenizer
token = BertTokenizer.from_pretrained('bert-base-chinese')
token
```

运行结果如下：

```
PreTrainedTokenizer(name_or_path='bert-base-chinese', vocab_size=21128,
model_max_len=512, is_fast=False, padding_side='right', truncation_side='right',
special_tokens={'unk_token': '[UNK]', 'sep_token': '[SEP]', 'pad_token': '[PAD]',
'cls_token': '[CLS]', 'mask_token': '[MASK]'})
```

加载编码工具之后不妨进行一次试算，以更清晰地观察编码工具的输入和输出，代码如下：

```
#第9章/试编码句子
out = token.batch_encode_plus(
    batch_text_or_text_pairs=[('不是一切大树,', '都被风暴折断。'),
                              ('不是一切种子,', '都找不到生根的土壤。')],
    truncation=True,
    padding='max_length',
    max_length=18,
    return_tensors='pt',
    return_length=True,
)
#查看编码输出
for k, v in out.items():
    print(k, v.shape)
#把编码还原为句子
print(token.decode(out['input_ids'][0]))
```

与情感分类和填空任务不同，这里编码的是句子对，运行结果如下：

```
input_ids torch.Size([2, 18])
token_type_ids torch.Size([2, 18])
length torch.Size([2])
```

```
attention_mask torch.Size([2, 18])
[CLS] 不是一切大树，[SEP] 都被风暴折断。[SEP] [PAD]
```

可以看到，编码的结果都是确定的长度，为参数中的 max_length=18 个词的长度。编码结果见表 9-2。

表 9-2　编码结果示意

句子	[CLS]	不	是	一	切	大	树	，	[SEP]	都	被	风	暴	折	断	。	[SEP]	[PAD]
input _ ids	101	679	3221	671	1147	1920	3409	8024	102	6963	6158	7599	3274	2835	3171	511	102	0
token _ type _ ids	0	0	0	0	0	0	0	0	0	1	1	1	1	1	1	1	1	0
attention _ mask	1	1	1	1	1	1	1	1	1	1	1	1	1	1	1	1	1	0

编码工具工作的方法和编码时各个参数的含义及编码结果在"编码工具"一章已有详细解读，此处不再赘述，如果读者对编码结果还不理解，则可以参考"编码工具"一章。

2. 定义数据集

定义本次任务所需要的数据集，如前所述，依然使用 ChnSentiCorp 数据集中的文本数据制作，代码如下：

```python
#第9章/定义数据集
import torch
from datasets import load_from_disk
import random
class Dataset(torch.utils.data.Dataset):
    def __init__(self, split):
        dataset = load_from_disk('./data/ChnSentiCorp')[split]
        def f(data):
            return len(data['text']) > 40
        self.dataset = dataset.filter(f)
    def __len__(self):
        return len(self.dataset)
    def __getitem__(self, i):
        text = self.dataset[i]['text']
        #将一句话切分为前半句和后半句
        sentence1 = text[:20]
        sentence2 = text[20:40]
        #随机整数，取值为 0 和 1
        label = random.randint(0, 1)
        #有一半概率把后半句替换为无关的句子
        if label == 1:
            j = random.randint(0, len(self.dataset) - 1)
            sentence2 = self.dataset[j]['text'][20:40]
        return sentence1, sentence2, label
```

```
dataset = Dataset('train')
sentence1, sentence2, label = dataset[7]
len(dataset), sentence1, sentence2, label
```

在这段代码中，加载了 ChnSentiCorp 数据集，并使用了 PyTorch 的 Dataset 对象进行了封装，由于本次任务是要判断两句话是否存在相连的关系，如果假设定义每句话的长度为 20 个字，则原句子最短不能少于 40 个字，否则不能被切割成两句话。

所以在__init__()函数中加载了 ChnSentiCorp 数据集后对数据集进行过滤，丢弃了数字少于 40 个字的句子。

在__getitem__()函数中把原句切割成了各 20 个字的两句话，并且有一半的概率把后半句替换为无关的句子，这样就形成了本次任务中需要的数据结构，即每条数据中包括两句话，并且这两句话分别有 50% 的概率是相连和无关的关系。

最后初始化训练数据集，并查看训练数据集的长度和一条数据样例，运行结果如下：

```
(8001, '地理位置佳，在市中心。酒店服务好、早餐品', '种丰富。我住的商务数码房计算机宽带
速度满意', 0)
```

可见，训练数据集包括 8001 条数据，每条数据包括两句话和一个标识，标识表明这两句话是相连还是无关的关系。值得注意的是，此处的数据依然是文本数据，还没有被编码器编码。

3. 定义计算设备

关于计算设备在第 7 章中已经详细介绍，此处不再赘述，仅给出代码，代码如下：

```
#第9章/定义计算设备
device = 'cpu'
if torch.cuda.is_available():
    device = 'CUDA'
device
```

运行结果如下：

```
'CUDA'
```

4. 定义数据整理函数

定义一个数据整理函数，它具有批量编码一批文本数据的功能，代码如下：

```
#第9章/数据整理函数
def collate_fn(data):
    sents = [i[:2] for i in data]
    labels = [i[2] for i in data]
    #编码
    data = token.batch_encode_plus(batch_text_or_text_pairs=sents,
                                   truncation=True,
                                   padding='max_length',
```

```
                            max_length=45,
                            return_tensors='pt',
                            return_length=True,
                            add_special_tokens=True)
#input_ids:编码之后的数字
#attention_mask:补零的位置是0，其他位置是1
#token_type_ids:第1个句子和特殊符号的位置是0，第2个句子的位置是1
input_ids = data['input_ids'].to(device)
attention_mask = data['attention_mask'].to(device)
token_type_ids = data['token_type_ids'].to(device)
labels = torch.LongTensor(labels).to(device)
return input_ids, attention_mask, token_type_ids, labels
```

在这段代码中，入参的 data 表示一批数据，取出其中的句子对和标识，分别为两个 list，其中句子对的 list 中为一个一个 tuple，每个 tuple 中包括两个句子，即一对句子。

在制作数据集时已经明确两个句子各有 20 个字，但在经过编码时每个字并不一定会被编码成一个词，此外在编码时还要往句子中插入一些特殊符号，如标识句子开始的[CLS]，标识一个句子结束的[SEP]，所以编码的结果并不能确定为 40 个词，因此在编码时需要留下一定的容差，让编码结果中能囊括两个句子的所有信息，如果有多余的位置，则可以以[PAD]填充。

综上所述，使用编码工具编码这一批句子对时，在参数中指定了编码后的结果为确定的 45 个词，超过 45 个词的句子将被截断，而不足 45 个词的句子将被补充 PAD，直到 45 个词。

在编码时，通过参数 return_tensors='pt'让编码的结果为 PyTorch 的 Tensor 格式，这免去了后续转换数据格式的麻烦。

之后取出编码的结果，并把 labels 也转换为 PyTorch 的 Tensor 格式，再把它们都移动到之前定义好的计算设备上，最后把这些数据全部返回，数据整理函数的工作完毕。

定义好了数据整理函数，不妨假定一批数据，让数据整理函数进行试算，以观察数据整理函数的输入和输出，代码如下：

```
#第9章/数据整理函数试算
#模拟一批数据
data = [('酒店还是非常的不错，我预定的是套间，服务', '非常好，随叫随到，结账非常快。',
0),
        ('外观很漂亮,性价比感觉还不错，功能简', '单,适合出差携带。蓝牙摄像头都有了。',
0),
        ('《穆斯林的葬礼》我已闻名很久，只是一直没', '怎能享受4星的服务，连空调都不能
用的。', 1)]
#试算
input_ids, attention_mask, token_type_ids, labels = collate_fn(data)
#把编码还原为句子
print(token.decode(input_ids[0]))
```

```
input_ids.shape, attention_mask.shape, token_type_ids.shape, labels
```

在这段代码中先虚拟了一批数据，在这批数据中包括 3 对句子，输入数据整理函数后，运行结果如下：

```
[CLS] 酒店还是非常的不错，我预定的是套间,服务 [SEP] 非常好,随叫随到,结账非常快。[SEP]
[PAD] [PAD] [PAD] [PAD] [PAD] [PAD] [PAD]
Out[7]:
(torch.Size([3, 45]),
 torch.Size([3, 45]),
 torch.Size([3, 45]),
 tensor([0, 0, 1], device='CUDA:0'))
```

可见，编码之后的结果都是确定的 45 个词，并且每个结果都被移动到了可用的计算设备上，这方便了后续的计算。

5. 定义数据集加载器

关于数据集加载器在第 7 章中已经详细介绍过,此处不再赘述,仅给出代码,代码如下：

```
#第9章/数据集加载器
loader = torch.utils.data.DataLoader(dataset=dataset,
                                     batch_size=8,
                                     collate_fn=collate_fn,
                                     shuffle=True,
                                     drop_last=True)
len(loader)
```

运行结果如下：

```
1000
```

可见，训练数据集加载器一共有 1000 个批次。

定义好了数据加载器之后，可以查看一批数据样例，代码如下：

```
#第9章/查看数据样例
for i, (input_ids, attention_mask, token_type_ids,
        labels) in enumerate(loader):
    break
input_ids.shape, attention_mask.shape, token_type_ids.shape, labels
```

运行结果如下：

```
(torch.Size([8, 45]),
 torch.Size([8, 45]),
 torch.Size([8, 45]),
 tensor([0, 1, 0, 0, 1, 0, 0, 0], device='CUDA:0'))
```

这个结果其实就是数据整理函数的计算结果，只是句子的数量更多。

9.4.2 定义模型

1. 加载预训练模型

关于预训练模型在第 7 章中已经详细介绍过，此处不再赘述，仅给出代码，代码如下：

```
#第9章/加载预训练模型
from transformers import BertModel
pretrained = BertModel.from_pretrained('bert-base-chinese')
#统计参数量
sum(i.numel() for i in pretrained.parameters()) / 10000
```

在代码的最后，输出了模型的参数量，运行结果如下：

```
10226.7648
```

可见，bert-base-chinese 模型的参数量约为 1 亿个，在本次任务中选择不训练它，代码如下：

```
#第9章/不训练预训练模型,不需要计算梯度
for param in pretrained.parameters():
    param.requires_grad_(False)
```

定义好预训练模型之后，可以进行一次试算，代码如下：

```
#第9章/预训练模型试算
#设定计算设备
pretrained.to(device)
#模型试算
out = pretrained(input_ids=input_ids,
            attention_mask=attention_mask,
            token_type_ids=token_type_ids)
out.last_hidden_state.shape
```

运行结果如下：

```
torch.Size([8, 45, 768])
```

样例数据为 8 句话的编码结果，从预训练模型的计算结果可以看出，这也是 8 句话的结果，每句话包括 45 个词，每个词被抽成了一个 768 维的向量。到此为止，通过预训练模型成功地把 8 句话转换为一个特征向量矩阵，可以接入下游任务模型做分类或者回归任务。

2. 定义下游任务模型

完成以上工作后，现在可以定义下游任务模型了，对于本章的任务来讲，需要计算一个二分类的结果，并且需要和数据集中真实的 label 保持一致，代码如下：

```
#第9章/定义下游任务模型
class Model(torch.nn.Module):
```

```
    def __init__(self):
        super().__init__()
        self.fc = torch.nn.Linear(768, 2)
    def forward(self, input_ids, attention_mask, token_type_ids):
        #使用预训练模型抽取数据特征
        with torch.no_grad():
            out = pretrained(input_ids=input_ids,
                            attention_mask=attention_mask,
                            token_type_ids=token_type_ids)
        #对抽取的特征只取第1个字的结果进行分类即可
        out = self.fc(out.last_hidden_state[:, 0])
        out = out.Softmax(dim=1)
        return out
model = Model()
#设定计算设备
model.to(device)
#试算
model(input_ids=input_ids,
    attention_mask=attention_mask,
    token_type_ids=token_type_ids).shape
```

在这段代码中，定义了下游任务模型，该模型只包括一个全连接的线性神经网络，权重矩阵为768×2，所以它能够把一个768维度的向量转换到二维空间中。

下游任务模型的计算过程为，获取一批数据之后，使用 backbone 将这批数据抽取成特征矩阵，抽取的特征矩阵的形状应该是16×45×768，这个在之前预训练模型的试算中已经看到。这3个维度分别代表了16句话、45个词、768维度的特征向量。

之后下游任务模型丢弃了44个词的特征，只取得了第1个词（索引为0）的特征向量，对应了编码结果中的[CLS]，把特征向量矩阵变成了16×768。相当于把每句话变成了一个768维度的向量。

注意：之所以只取了第1个词的特征做后续的判断计算，这和预训练模型 BERT 的训练方法有关系，具体可见第14章。

之后再使用自己的全连接线性神经网络把16×768特征矩阵转换到16×2，即为要求的二分类结果。

在代码的最后对该模型进行试算，运行结果如下：

```
torch.Size([16, 2])
```

可见，这就是要求的16句话的二分类的结果。

9.4.3　训练和测试

1. 训练

模型定义之后，接下来就可以对模型进行训练了，代码如下：

```
#第9章/训练
from transformers import AdamW
from transformers.optimization import get_scheduler
def train():
    #定义优化器
    optimizer = AdamW(model.parameters(), lr=5e-5)
    #定义loss函数
    criterion = torch.nn.CrossEntropyLoss()
    #定义学习率调节器
    scheduler = get_scheduler(name='linear',
                          num_warmup_steps=0,
                          num_training_steps=len(loader),
                          optimizer=optimizer)
    #将模型切换到训练模式
    model.train()
    #按批次遍历训练集中的数据
    for i, (input_ids, attention_mask, token_type_ids,
        labels) in enumerate(loader):
        #模型计算
        out = model(input_ids=input_ids,
                 attention_mask=attention_mask,
                 token_type_ids=token_type_ids)
        #计算loss并使用梯度下降法优化模型参数
        loss = criterion(out, labels)
        loss.backward()
        optimizer.step()
        scheduler.step()
        optimizer.zero_grad()
        #输出各项数据的情况,便于观察
        if i % 20 == 0:
            out = out.argmax(dim=1)
            accuracy = (out == labels).sum().item() / len(labels)
            lr = optimizer.state_dict()['param_groups'][0]['lr']
            print(i, loss.item(), lr, accuracy)
train()
```

在这段代码中，首先定义了优化器、loss计算函数、学习率调节器。这3个工具在第7章已经详细介绍过，此处不再赘述。

最后，每优化 10 次模型参数，就计算一次当前模型预测结果的正确率，并输出模型的 loss 和优化器的学习率，最终训练完毕后，输出的观察数据见表 9-3。

表 9-3 训练过程输出

steps	loss	lr	accuracy	steps	loss	lr	accuracy
0	0.68179	0.00005	0.62500	500	0.56901	0.00002	0.75000
20	0.62003	0.00005	0.87500	520	0.41033	0.00002	1.00000
40	0.60876	0.00005	0.75000	540	0.57497	0.00002	0.75000
60	0.60296	0.00005	0.75000	560	0.61155	0.00002	0.75000
80	0.49944	0.00005	1.00000	580	0.46779	0.00002	0.75000
100	0.59593	0.00004	0.75000	600	0.52939	0.00002	0.87500
120	0.58477	0.00004	0.75000	620	0.49104	0.00002	0.87500
140	0.51221	0.00004	1.00000	640	0.39098	0.00002	1.00000
160	0.49797	0.00004	1.00000	660	0.41546	0.00002	1.00000
180	0.50462	0.00004	0.87500	680	0.58744	0.00002	0.62500
200	0.56042	0.00004	0.75000	700	0.61648	0.00001	0.75000
220	0.46113	0.00004	1.00000	720	0.37899	0.00001	1.00000
240	0.44623	0.00004	1.00000	740	0.36396	0.00001	1.00000
260	0.41288	0.00004	1.00000	760	0.40311	0.00001	1.00000
280	0.58074	0.00004	0.75000	780	0.51075	0.00001	0.87500
300	0.43091	0.00003	1.00000	800	0.43584	0.00001	0.87500
320	0.49663	0.00003	0.87500	820	0.42680	0.00001	0.87500
340	0.54175	0.00003	0.87500	840	0.44254	0.00001	1.00000
360	0.44160	0.00003	1.00000	860	0.54143	0.00001	0.75000
380	0.49158	0.00003	0.75000	880	0.52444	0.00001	0.87500
400	0.41845	0.00003	1.00000	900	0.66505	0.00000	0.50000
420	0.50388	0.00003	0.87500	920	0.35458	0.00000	1.00000
440	0.46791	0.00003	0.87500	940	0.52619	0.00000	0.75000
460	0.46282	0.00003	0.87500	960	0.48737	0.00000	0.87500
480	0.38067	0.00003	1.00000	980	0.58585	0.00000	0.75000

从表 9-3 可以看出，模型收敛的速度很快，这得益于从 BERT 预训练模型得到的数据特征。对于下游任务模型只是非常简单的一层全连接神经网络，所以训练的难度很低。能够观察到学习率也如预期，即在缓慢地下降。

2. 测试

最后，对训练好的模型进行测试，以验证训练的有效性，代码如下：

#第 9 章/测试

```
def test():
    #定义测试数据集加载器
    loader_test = torch.utils.data.DataLoader(dataset=Dataset('test'),
                                              batch_size=32,
                                              collate_fn=collate_fn,
                                              shuffle=True,
                                              drop_last=True)

    #将下游任务模型切换到运行模式
    model.eval()
    correct = 0
    total = 0
    #按批次遍历测试集中的数据
    for i, (input_ids, attention_mask, token_type_ids,
            labels) in enumerate(loader_test):
        #计算5个批次即可,不需要全部遍历
        if i == 5:
            break
        print(i)
        #计算
        with torch.no_grad():
            out = model(input_ids=input_ids,
                        attention_mask=attention_mask,
                        token_type_ids=token_type_ids)
        pred = out.argmax(dim=1)
        #统计正确率
        correct += (pred == labels).sum().item()
        total += len(labels)
    print(correct / total)
test()
```

在这段代码中,首先定义了测试数据集和加载器,并取出 5 个批次的数据让模型进行预测,最后统计正确率并输出,运行结果如下:

```
0.89375
```

最终模型取得了约 89.4%正确率的成绩,这验证了下游任务模型,即使在不训练 backbone 的情况下也取得一定的成绩。

9.5　小结

本章通过中文句子关系推断任务讲解了如何使用预训练的 BERT 模型抽取句子对的数据特征。句子关系推断也是 BERT 模型本身在训练时的一个子任务,所以使用 BERT 模型能很有效地解决句子关系推断任务。

实战任务 4：
中文命名实体识别

10.1 任务简介

标记分类是一个自然语言理解任务，一般可以分为 Named Entity Recognition（NER）和 Part-of-Speech（PoS）两类。其中，NER 类任务指命名实体识别，NER 任务是要识别出自然语句中的人物、地点、组织结构名等命名实体；另一类任务 PoS 指词性标注，PoS 任务是要识别出自然语句中的动词、名词、标点符号等。NER 任务和 PoS 任务在神经网络模型中计算的方法几乎相同，本章将以 NER 为例进行讲解。

对于命名实体识别任务来讲，每个字对应一个标记，标识这个字是否属于某个命名实体，以及处于命名实体的哪一部分，所以在命名实体识别数据集中，文本数据和标签数据是严格的一一对应关系，见表 10-1。

表 10-1 命名实体识别数据示例

文本	海	钓	比	赛	地	点	在	厦	门
标识	O	O	O	O	O	O	O	B-LOC	I-LOC
文本	与	金	门	之	间	的	海	域	。
标识	O	B-LOC	I-LOC	O	O	O	O	O	O

从表 10-1 可以看出文本中的每个字都有标签与之对应，标识每个字是否属于一个命名实体，如果是一个命名实体的一部分，则标出属于该命名实体的开头，还是中间和结尾部分。以表中的数据来看，这句话中共有两个命名实体，分别为"厦门"和"金门"，两个命名实体均为地点名。

从表 10-1 就能很直观地看出网络模型的计算目标，即通过文本计算出标签。

10.2 数据集介绍

本章所使用的数据集是 people_daily_ner 数据集，这是一个中文的命名实体识别数据集，people_daily_ner 数据集中的部分数据样例见表 10-2，通过该表读者可对 people_daily_ner 数据集有直观的认识。

表 10-2 people_daily_ner 数据集数据样例

文本1	如	鲁	迅	所	批	评	的	标	语	口	号	式	诗	歌	。
标签1	0	1	2	0	0	0	0	0	0	0	0	0	0	0	0
文本2	克	马	尔	的	女	儿	让	娜	今	年	读	五	年	级	，
标签2	1	2	2	0	0	0	1	2	0	0	0	0	0	0	0
文本3	参	加	步	行	的	有	男	有	女	，	有	年	轻	人	，
标签3	0	0	0	0	0	0	0	0	0	0	0	0	0	0	0
文本4	沙	特	队	教	练	佩	雷	拉	：	两	支	队	都	想	胜
标签4	3	4	4	0	0	1	2	2	0	0	0	0	0	0	0
文本5	再	看	内	容	，	图	文	并	茂	，	简	短	的	文	字
标签5	0	0	0	0	0	0	0	0	0	0	0	0	0	0	0
文本6	1	9	9	7	年	，	琼	斯	重	返	田	径	赛	场	。
标签6	0	0	0	0	0	0	1	2	0	0	0	0	0	0	0
文本7	又	是	攀	枝	花	苏	铁	灿	然	开	花	的	五	月	。
标签7	0	0	5	6	6	0	0	0	0	0	0	0	0	0	0
文本8	不	久	前	，	记	者	就	这	些	问	题	赴	江	西	省
标签8	0	0	0	0	0	0	0	0	0	0	0	0	3	4	4
文本9	贞	雅	今	年	3	9	岁	，	中	等	身	材	，	穿	着
标签9	1	2	0	0	0	0	0	0	0	0	0	0	0	0	0
文本10	压	题	照	片	为	吉	林	省	戏	校	主	楼	外	景	。
标签10	0	0	0	0	0	3	4	4	4	4	0	0	0	0	0
文本11	5	月	2	3	日	一	大	早	，	江	西	省	新	余	市
标签11	0	0	0	0	0	0	0	0	0	5	6	6	5	6	0
文本12	据	李	庄	同	志	回	忆	，	里	庄	的	民	风	淳	朴
标签12	0	1	2	0	0	0	0	0	5	6	0	0	0	0	0
文本13	守	门	员	：	何	一	路	易	斯	·	切	拉	维	特	、
标签13	0	0	0	0	1	2	2	2	2	2	2	2	2	2	0
文本14	老	胡	一	番	话	，	我	倍	受	感	动	和	教	育	。
标签14	0	1	0	0	0	0	0	0	0	0	0	0	0	0	0
文本15	"	教	育	村	"	绿	地	如	茵	，	树	木	婆	娑	。
标签15	0	5	6	6	0	0	0	0	0	0	0	0	0	0	0
文本16	在	光	电	磁	连	接	而	成	的	"	地	球	村	"	中
标签16	0	0	0	0	0	0	0	0	0	0	5	6	6	0	0

续表

文本17	天	津	青	年	京	剧	团	进	京	汇	演	拉	开	帷	幕
标签17	3	4	4	4	4	4	4	0	5	0	0	0	0	0	0
文本18	明	代	大	医	药	学	家	李	时	珍	的	父	亲	李	言
标签18	0	0	0	0	0	0	0	1	2	2	0	0	0	1	2
文本19	范	小	青	的	长	篇	新	作	《	百	日	阳	光	》	。
标签19	1	2	2	0	0	0	0	0	0	0	0	0	0	0	0
文本20	苏	州	医	疗	器	械	厂	热	心	为	眼	疾	患	者	服
标签20	3	4	4	4	4	4	4	0	0	0	0	0	0	0	0

从表 10-1 中的标签可以对照表 10-3。

表 10-3　people_daily_ner 数据集标签对照表

label	0	1	2	3	4	5	6
name	O	B-PER	I-PER	B-ORG	I-ORG	B-LOC	I-LOC

下面对表 10-3 中的各个 name 分别进行介绍。

（1）O：表示不属于一个命名实体。

（2）B-PER：表示人名的开始。

（3）I-PER：表示人名的中间和结尾部分。

（4）B-ORG：表示组织机构名的开始。

（5）I-ORG：表示组织机构名的中间和结尾部分。

（6）B-LOC：表示地名的开始。

（7）I-LOC：表示地名的中间和结尾部分。

通过以上讲解可以得知，在看到标签中存在 1,2,2 串时，表示这是一个三个字的人名。同理，1,2 是一个两个字的人名，3,4,4,4 是一个四个字的组织机构名，而 0,2 和 1,6 这样的组合不可能出现。

10.3　模型架构

从数据集的介绍可以看出，输入文字的数量和标签是严格的一一对应关系，所以这是一个典型的 N to N 任务。可以通过以下思路达到该计算结果，使用一个预训练模型从文本中抽取数据特征，再对每个字的数据特征做分类任务，最终即可得到和原文一一对应的标签序列。按照该思路，可画出本次任务的计算流程图，如图 10-1 所示。

与之前所做的 3 个中文实战任务不同，本章将连同预训练模型一起训练，以提高最终的预测正确率。在之前的 3 个中文实战任务中，使用的预训练模型是 bert-base-chinese 模型，这个模型的体量比较大，有大约 1 亿个参数，考虑计算量的问题，本章将使用一个体量较小的 hfl/rbt3 模型，该模型的参数量约 3800 万个，更小的体量方便再训练。

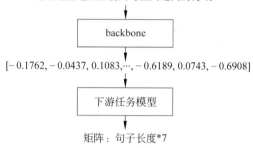

海钓比赛地点在厦门与金门之间的海域。

backbone

$[-0.1762, -0.0437, 0.1083, \cdots, -0.6189, 0.0743, -0.6908]$

下游任务模型

矩阵：句子长度*7

图 10-1　命名实体识别任务计算过程

10.4　实现代码

10.4.1　准备数据集

1. 使用编码工具

与以往的任务相同，本章依然从加载一个编码工具开始，不同点在于本章将加载 hfl/rbt3 编码器，原因在于后续要使用 hfl/rbt3 预训练模型，从而避免使用笨重的 bert-base-chinese 模型。

hfl/rbt3 编码器的编码结果基本同 bert-base-chinese 编码器相同，使用 hfl/rbt3 编码基本不需要任何学习过程，此处首先加载该编码器，代码如下：

```
#第 10 章/加载编码器
from transformers import AutoTokenizer
tokenizer = AutoTokenizer.from_pretrained('hfl/rbt3')
tokenizer
```

运行结果如下：

```
PreTrainedTokenizerFast(name_or_path='hfl/rbt3', vocab_size=21128,
model_max_len=1000000000000000019884624838656, is_fast=True, padding_side=
'right', truncation_side='right', special_tokens={'unk_token': '[UNK]', 'sep_
token': '[SEP]', 'pad_token': '[PAD]', 'cls_token': '[CLS]', 'mask_token':
'[MASK]'})
```

从输出中可以看出，hfl/rbt3 编码使用的特殊符号基本和 bert-base-chinese 编码器相同。

加载编码工具之后不妨进行一次试算，以更清晰地观察编码工具的输入和输出，代码如下：

```
#第10章/编码测试
out = tokenizer.batch_encode_plus(
    [[
        '海', '钓', '比', '赛', '地', '点', '在', '厦', '门', '与', '金', '门',
'之', '间',
        '的', '海', '域', '。'
    ],
    [
        '这','座','依','山','傍','水','的','博','物','馆','由','国',
'内', '一',
        '流', '的', '设', '计', '师', '主', '持', '设', '计', '。'
    ]],
    truncation=True,
    padding=True,
    return_tensors='pt',
    max_length=20,
    is_split_into_words=True)
#还原编码为句子
print(tokenizer.decode(out['input_ids'][0]))
print(tokenizer.decode(out['input_ids'][1]))
for k, v in out.items():
    print(k, v)
```

在这段代码中,让编码工具试编码了两个句子,与以往的编码函数不同,在这个例子中,输入编码器的不是完整的句子,而是已经被分割成一个一个字的句子, 通过参数 is_split_into_words=True 告诉编码器输入的句子是已经分好词的,不需要再进行分词工作了。

之所以需要这样做的原因在于,在编码器编码句子时字和编码结果并不一定是一一对应的关系,虽然 BERT 系列的编码器一般是以字为词的,但依然有可能忽略某些字,或者标点符号,从而导致编码结果的数量和原句子的字数量不一致,在以往的任务中这点并不是特别重要,但是在命名实体识别任务中却不能允许这样的情况发生,因为在命名实体识别任务中,原句子中的每个字和标签是严格的一一对应关系,如果原句子编码之后和标签不能一一对应,就会导致无法进行后续计算,所以需要通过参数 is_split_into_words=True 来让编码器跳过分词步骤,而分词这个步骤在编码前手动完成,从而确保分词的结果和标签是严格的一一对应关系。

从上面的参数说明可以看出,经过编码之后的句子一定是确定的 20 个词的长度。如果超出,则会被截断,如果不足,则会被补充 PAD,运行结果如下:

```
[CLS] 海钓比赛地点在厦门与金门之间的海域。 [SEP]
[CLS] 这座依山傍水的博物馆由国内一流的设计 [SEP]
input_ids tensor([[ 101, 3862, 7157, 3683, 6612, 1765, 4157, 1762, 1336, 7305,
680, 7032,
        7305,  722, 7313, 4638, 3862, 1818,  511,  102],
```

```
        [ 101, 6821, 2429,  898, 2255,  988, 3717, 4638, 1300, 4289, 7667, 4507,
        1744, 1079,  671, 3837, 4638, 6392, 6369,  102]])
   token_type_ids tensor([[0, 0, 0, 0, 0, 0, 0, 0, 0, 0, 0, 0, 0, 0, 0, 0, 0, 0,
0, 0, 0],
        [0, 0, 0, 0, 0, 0, 0, 0, 0, 0, 0, 0, 0, 0, 0, 0, 0, 0, 0, 0]])
   attention_mask tensor([[1, 1, 1, 1, 1, 1, 1, 1, 1, 1, 1, 1, 1, 1, 1, 1, 1, 1,
1, 1, 1],
        [1, 1, 1, 1, 1, 1, 1, 1, 1, 1, 1, 1, 1, 1, 1, 1, 1, 1, 1, 1]])
```

编码时的其他参数和编码结果在"编码工具"一章已有详细解读，此处不再赘述，如果读者对编码结果还不理解，则可以参考"编码工具"一章。

2. 定义数据集

如前所述，本次任务需要使用的数据集为 people_daily_ner，定义数据集的代码如下：

```python
#第10章/定义数据集
import torch
from datasets import load_dataset, load_from_disk
class Dataset(torch.utils.data.Dataset):
    def __init__(self, split):
        #在线加载数据集
        #dataset = load_dataset(path='people_daily_ner', split=split)
        #离线加载数据集
        dataset = load_from_disk(
            dataset_path='./data/people_daily_ner')[split]
        self.dataset = dataset
        #dataset.features['ner_tags'].feature.num_classes
        #7
        #dataset.features['ner_tags'].feature.names
        #['O', 'B-PER', 'I-PER', 'B-ORG', 'I-ORG', 'B-LOC', 'I-LOC']
    def __len__(self):
        return len(self.dataset)
    def __getitem__(self, i):
        tokens = self.dataset[i]['tokens']
        labels = self.dataset[i]['ner_tags']
        return tokens, labels
dataset = Dataset('train')
tokens, labels = dataset[0]
print(tokens), print(labels)
len(dataset)
```

在这段代码中，给出了两种加载数据集的方法，分别为在线加载和离线加载，读者可以根据自己的网络环境选择其中的一种方法，离线加载所需的数据文件可在本书的配套资源中找到。

加载数据集之后可以查看数据集的标签数量和各个标签的名字，相应的结果已经被写在注释中，读者可以自行运行并查看。

在 people_daily_ner 数据集中，每条数据包括两个字段，即 tokens 和 ner_tags，分别代表句子和标签，在 __getitem__()函数中把这两个字段取出并返回即可。

在代码的最后初始化训练数据集，并查看训练数据集的长度和一条数据样例，运行结果如下：

```
['海', '钓', '比', '赛', '地', '点', '在', '厦', '门', '与', '金', '门', '之',
'间', '的', '海', '域', '。']
[0, 0, 0, 0, 0, 0, 0, 5, 6, 0, 5, 6, 0, 0, 0, 0, 0, 0]
20865
```

可见，训练数据集包括 20 865 条数据，每条数据包括一条分好词的文本和一个标签列表。值得注意的是，此处的数据依然是文本数据，还没有被编码器编码。

3. 定义计算设备

关于计算设备在"第 7 章 实战任务 1：中文情感分类"中已经详细介绍过，此处不再赘述，仅给出代码，代码如下：

```
#第 10 章/定义计算设备
device = 'cpu'
if torch.cuda.is_available():
    device = 'CUDA'
device
```

运行结果如下：

```
'CUDA'
```

由于本次任务需要对预训练模型进行再训练，计算量会大于以往的任务，最好能在 CUDA 设备上运行本任务，在 CPU 上可能会消耗很多时间。

4. 定义数据整理函数

与以往的任务一样，在本次任务中，数据的处理依然是以批为单位的，而不是一条一条地进行处理，所以需要一个数据整理函数，把一批数据整理成需要的格式，具体实现如下：

```
#第 10 章/定义数据整理函数
def collate_fn(data):
    tokens = [i[0] for i in data]
    labels = [i[1] for i in data]
    #编码
    inputs = tokenizer.batch_encode_plus(tokens,
                                         truncation=True,
                                         padding=True,
                                         return_tensors='pt',
```

```
                                        max_length=512,
                                        is_split_into_words=True)
    #求一批数据中最长的句子长度
    lens = inputs['input_ids'].shape[1]
    #在 labels 的头尾补充 7, 把所有的 labels 补充成统一的长度
    for i in range(len(labels)):
        labels[i] = [7] + labels[i]
        labels[i] += [7] * lens
        labels[i] = labels[i][:lens]
    #把编码结果移动到计算设备
    for k, v in inputs.items():
        inputs[k] = v.to(device)
    #把统一长度的 labels 组装成矩阵, 并移动到计算设备
    labels = torch.LongTensor(labels).to(device)
    return inputs, labels
```

在这段代码中，入参的 data 表示一批数据，取出其中的句子和标签，分别为两个 list。

使用编码工具编码这一批句子，在参数指定了编码后的结果最长为 512 个词，超过 512 个词的句子将被截断。

在一批句子中有的句子长，有的句子短，为了便于网络处理，需要把这些数据整理成矩阵的形式，要求这些句子有相同的长度，参数 padding=True 会对这批句子补充 PAD，使它们具有同样的长度，具体长度取决于这一个批次中最长的句子有多长，该过程如图 10-2 所示。

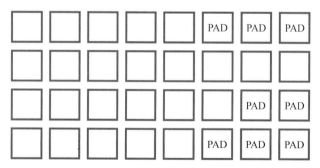

图 10-2　动态补充 PAD 示意

在编码时，通过参数 return_tensors='pt' 让编码的结果为 PyTorch 的 Tensor 格式，从而免去了后续转换数据格式的麻烦。

参数 is_split_into_words=True 告知编码器这些句子是已经分词完毕的，不需要再次执行分词工作，原因在本章开头已经介绍过，此处不再赘述。

完成文本的编码之后，需要对 labels 进行填充。和文本一样，labels 也是长短不一的，labels 和对应的文本长度一致，为了把 labels 也转换成便于处理的矩阵，需要对 labels 进行填充，让所有的 labels 的长度一致。具体的做法是在所有 labels 的开头插入一个标签 7，对

应文本开头会被插入的[CLS]标签，之后在 labels 的尾部也填充 7，直到 labels 的长度达到当前批次中最长的句子的长度。经过以上操作之后，当前批次中所有的 labels 的长度都一致，即可转换为矩阵，便于后续的计算。

最后把所有的矩阵都转移到之前定义好的计算设备上，方便后续的模型计算。

定义好了数据整理函数，不妨假定一批数据，让数据整理函数进行试算，以观察数据整理函数的输入和输出，代码如下：

```
#第10章/数据整理函数试算
#模拟一批数据
data = [
    ([
        '海', '钓', '比', '赛', '地', '点', '在', '厦', '门', '与', '金', '门',
'之', '间',
        '的', '海', '域', '。'
    ], [0, 0, 0, 0, 0, 0, 0, 5, 6, 0, 5, 6, 0, 0, 0, 0, 0, 0]),
    ([
        '这', '座', '依', '山', '傍', '水', '的', '博', '物', '馆', '由', '国',
'内', '一',
        '流', '的', '设', '计', '师', '主', '持', '设', '计', '，', '整', '个',
'建', '筑',
        '群', '精', '美', '而', '恢', '宏', '。'
    ], [
        0, 0, 0, 0, 0, 0, 0, 0, 0, 0, 0, 0, 0, 0, 0, 0, 0, 0, 0, 0, 0, 0,
0,
        0, 0, 0, 0, 0, 0, 0, 0, 0, 0
    ]),
]
#试算
inputs, labels = collate_fn(data)
for k, v in inputs.items():
    print(k, v.shape)
print('labels', labels.shape)
```

在这段代码中先虚拟了一批数据，这批数据中包括两个句子，输入数据整理函数后，运行结果如下：

```
input_ids torch.Size([2, 37])
token_type_ids torch.Size([2, 37])
attention_mask torch.Size([2, 37])
labels torch.Size([2, 37])
```

从编码结果可以看出，当前批次中最长的句子有 36 个词。

5. 定义数据集加载器

关于数据集加载器在第 7 章中已经详细介绍过,此处不再赘述,仅给出代码,代码如下:

```
#第10章/数据集加载器
loader = torch.utils.data.DataLoader(dataset=dataset,
                                     batch_size=16,
                                     collate_fn=collate_fn,
                                     shuffle=True,
                                     drop_last=True)
len(loader)
```

运行结果如下:

```
1304
```

可见训练数据集加载器一共执行了 1304 个批次。

定义好了数据集加载器之后,可以查看一批数据样例,代码如下:

```
#第10章/查看数据样例
for i, (inputs, labels) in enumerate(loader):
    break
print(tokenizer.decode(inputs['input_ids'][0]))
print(labels[0])
for k, v in inputs.items():
    print(k, v.shape)
```

运行结果如下:

```
[CLS] 按 照 欧 洲 经 货 联 盟 的 进 程, 他 将 是 最 后 一 任 局 长。 [SEP] [PAD] [PAD]
[PAD] [PAD] [PAD] [PAD] [PAD] [PAD] [PAD] [PAD] [PAD] [PAD] [PAD] [PAD] [PAD] [PAD]
[PAD] [PAD] [PAD] [PAD] [PAD] [PAD] [PAD] [PAD] [PAD] [PAD] [PAD] [PAD] [PAD] [PAD]
tensor([7, 0, 0, 3, 4, 4, 4, 4, 4, 0, 0, 0, 0, 0, 0, 0, 0, 0, 0, 0, 0, 0, 7,
        7, 7, 7, 7, 7, 7, 7, 7, 7, 7, 7, 7, 7, 7, 7, 7, 7, 7, 7, 7, 7, 7,
        7, 7, 7, 7, 7, 7], device='CUDA:0')
input_ids torch.Size([16, 54])
token_type_ids torch.Size([16, 54])
attention_mask torch.Size([16, 54])
```

这个结果其实就是数据整理函数的计算结果,只是句子的数量更多。

10.4.2 定义模型

1. 加载预训练模型

如上所述,本章将使用 **hfl/rbt3** 模型作为预训练模型,代码如下:

```
#第10章/加载预训练模型
from transformers import AutoModel
```

```
pretrained = AutoModel.from_pretrained('hfl/rbt3')
pretrained.to(device)
#统计参数量
print(sum(i.numel() for i in pretrained.parameters()) / 10000)
```

和以往任务中加载预训练模型的方法几乎相同，仅仅在加载函数中修改模型的名字即可。在代码的最后，输出了模型的参数量，运行结果如下：

```
3847.68
```

定义好预训练模型之后，可以进行一次试算，观察模型的输入和输出，代码如下：

```
#第10章/模型试算
#[b, lens] -> [b, lens, 768]
pretrained(**inputs).last_hidden_state.shape
```

运行结果如下：

```
torch.Size([16, 54, 768])
```

样例数据为16句话的编码结果，从预训练模型的计算结果可以看出，这也是16句话的结果，每句话包括54个词，每个词被抽成了一个768维的向量。到此为止，通过预训练模型成功地把16句话转换为一个特征向量矩阵，可以接入下游任务模型做分类或者回归任务。

2. 定义下游任务模型

完成以上工作后，现在可以定义下游任务模型了。与以往的任务不同，本章将对预训练模型进行再训练，并且本章将使用两段式训练，所以要求下游任务模型能够切换微调（Fine Tuning）模式。

什么是两段式训练？两段式训练是一种训练技巧，指先单独对下游任务模型进行一定的训练，待下游任务模型掌握了一定的知识以后，再连同预训练模型和下游任务模型一起进行训练的模式。

可以把这个过程想象为一条流水线上的两个工作，上游的是熟练工，下游的是生疏工人。一开始生疏的工人没有任何知识，当生产出错时，我们就会要求生疏的工人改进工作方法，而不会怀疑熟练工的工作方法。

在这个阶段如果要求熟练工人改进，则反而会导致他怀疑以往积累的知识是否是正确的，他会为了配合糟糕的生疏工人而错误地修改自己的生产方法，这显然并不是我们想要的。

所以应该先训练生疏工人，把生疏工人训练成一个半熟练的工人，此时生产的正确率已经难以上升，再让两个工人共同训练，以优化生产的正确率，这就是两段式训练的思想。

综上所述，为了支持两段式训练，需要下游任务模型能够切换微调模式，所谓的微调模式即连同预训练模型和下游任务模型一起训练的模式，反之，则为单独训练下游任务模型，具体实现代码如下：

```
#第10章/定义下游模型
class Model(torch.nn.Module):
```

```
    def __init__(self):
        super().__init__()
        #标识当前模型是否处于 tuning 模式
        self.tuning = False
        #当处于 tuning 模式时 backbone 应该属于当前模型的一部分, 否则该变量为空
        self.pretrained = None
        #当前模型的神经网络层
        self.rnn = torch.nn.GRU(input_size=768, hidden_size=768 ,
batch_first= True)
        self.fc = torch.nn.Linear(in_features=768, out_features=8)
    def forward(self, inputs):
        #根据当前模型是否处于 tuning 模式而使用外部 backbone 或内部 backbone 计算
        if self.tuning:
            out = self.pretrained(**inputs).last_hidden_state
        else:
            with torch.no_grad():
                out = pretrained(**inputs).last_hidden_state
        #backbone 抽取的特征输入 RNN 网络进一步抽取特征
        out, _ = self.rnn(out)
        #RNN 网络抽取的特征最后输入 FC 神经网络分类
        out = self.fc(out).Softmax(dim=2)
        return out
    #切换下游任务模型的 tuning 模式
    def fine_tuning(self, tuning):
        self.tuning = tuning
        #tuning 模式时, 训练 backbone 的参数
        if tuning:
            for i in pretrained.parameters():
                i.requires_grad = True
            pretrained.train()
            self.pretrained = pretrained
        #非 tuning 模式时, 不训练 backbone 的参数
        else:
            for i in pretrained.parameters():
                i.requires_grad_(False)
            pretrained.eval()
            self.pretrained = None
model = Model()
model.to(device)
model(inputs).shape
```

这段代码定义并初始化了下游任务模型,在下游任务模型的__init__()函数中有两个重要的变量,即 tuning 和 pretrained,其中 tuning 为布尔型变量,取值为 True 和 False,它表明了

当前模型是否处于微调模式，默认值为 False，即非微调模式。pretrained 代表了预训练模型，当处于微调模式时预训练模型应该属于当前模型的一部分，反之则不属于，默认为 None，即预训练模型不属于当前模型的一部分。

在__init__()函数中还定义了下游任务模型的两个网络层，即是循环神经网络层和全连接神经网络层，分别命名为 rnn 和 fc，其中循环神经网络的实现为 GRU 网络。

forward()函数定义了下游任务模型的计算过程，首先判断当前模型是否处于微调模式，如果处于微调模式，则使用内部的预训练模型，否则使用外部的预训练模型，并且不计算预训练模型的梯度。得到预训练模型抽取的文本特征后，把文本特征输入循环神经网络进一步抽取特征，最后把特征数据输入全连接神经网络做分类即可。

为什么需要循环神经网络层？这是一个想当然的想法，因为标签列表也可以看作一句话，这句"话"也符合一定的统计规律，例如人名的中间部分（I-PER）一定出现在人名的开头（B-PER）之后，所以把预训练模型抽取的文本特征也当作一个序列数据进行处理，输入循环神经网络再次抽取特征，最后做分类计算，期望可以得到更好的结果。读者也可以尝试移除，或者增加其他的层，来提高模型预测的正确率，深度学习任务中往往有很多这样的尝试性实验。

一般的 PyTorch 模型定义__init__()函数和 forward()函数就可以了，但是在上面的模型中还定义了 fine_tuning()函数，这个函数就是要切换下游任务模型的微调模式，入参为一个布尔值，取值为 True 和 False。如前所述，当切换到微调模式时，把预训练模型作为下游任务模型的一部分，并且解冻预训练模型的参数，让它们随着训练更新、优化，并且把预训练模型切换到训练模型。

反之，不处于微调模式时要冻结预训练模型的参数，不让它们随着训练更新，并且预训练模型不属于下游任务模型的一部分，要把预训练模型切换到运行模式。

在代码的最后对下游任务模型进行了试算，入参即为之前看到的数据样例，运行结果如下：

```
torch.Size([16, 54, 8])
```

从结果可以看出，运算的结果为 16 句话，54 个词，每个词为 8 分类结果。

10.4.3 训练和测试

1. 两个工具函数

为了便于后续的训练和测试，需要定义两个工具函数，第 1 个函数的功能是对计算结果和 labels 变形，并且移除 PAD，需要这个函数的原因是因为在一批数据中，往往会有很多 PAD，对这些 PAD 去计算它们的命名实体是没有意义的，显然它们不可能是任何的命名实体，为了不让模型去研究这些 PAD 是什么东西，直接从计算结果中移除这些 PAD，以防止模型做无用功。实现代码如下：

```
#第10章/对计算结果和labels变形，并且移除PAD
```

```
def reshape_and_remove_pad(outs, labels, attention_mask):
    #变形，便于计算loss
    #[b, lens, 8] -> [b*lens, 8]
    outs = outs.reshape(-1, 8)
    #[b, lens] -> [b*lens]
    labels = labels.reshape(-1)
    #忽略对PAD的计算结果
    #[b, lens] -> [b*lens - pad]
    select = attention_mask.reshape(-1) == 1
    outs = outs[select]
    labels = labels[select]
    return outs, labels
reshape_and_remove_pad(torch.randn(2, 3, 8), torch.ones(2, 3),
                       torch.ones(2, 3))
```

在这段代码中，首先把模型的预测结果和labels都从多句话合并成一句话，合并的方式就是简单地进行头尾相接，这样能够方便后续计算loss。

移除PAD时使用编码结果中的attention_mask，attention_mask标记了一个句子中哪些位置是PAD，attention_mask中只有0和1，其中0表示是PAD的位置，使用attention_mask可以很轻松地过滤掉结果中的PAD。

在代码的最后使用一批虚拟的数据试算该函数，运行结果如下：

```
(tensor([[ 0.0291, 0.5538, -0.6427, 0.5524, -0.3672, 1.1282, 1.3546, 1.3098],
        [-1.6091, -0.6178, -1.8915, -0.6785, 1.8442, 0.1800, -1.1797, 0.9228],
        [-1.3673, 0.1874, -0.0652, 1.4556, 1.4159, 1.8392, 0.5031, 0.9490],
        [-0.0035, 1.4326, 0.2621, 1.3923, 0.7450, -2.0021, -2.8821, 0.0661],
        [ 0.1377, -1.2215, -2.0415, -1.1509, 0.1217, -0.5679, 1.2549, 1.0358],
        [-0.4724, 0.2421, -0.2521, 2.6841, 1.3514, 0.5778, 0.2485, -0.4031]]),
 tensor([1., 1., 1., 1., 1., 1.]))
```

虚拟数据中的2×3×8矩阵表示2句话、3个词、每个词8分类的预测结果，第1个2×3矩阵表示真实的labels，第2个2×3的矩阵表示attention_mask，因为全为1，所以全部保留，没有PAD。最后计算的结果也确实全部保留了预测结果和labels，并且预测结果和labels被变形成一句话，和预期一致。

第2个函数用于计算预测结果中预测正确了多少个，以及一共有多少个预测结果，代码如下：

```
#第10章/获取正确数量和总数
def get_correct_and_total_count(labels, outs):
    #[b*lens, 8] -> [b*lens]
    outs = outs.argmax(dim=1)
    correct = (outs == labels).sum().item()
    total = len(labels)
```

```
#计算除了0以外元素的正确率，因为0太多了，所以正确率很容易虚高
select = labels != 0
outs = outs[select]
labels = labels[select]
correct_content = (outs == labels).sum().item()
total_content = len(labels)
return correct, total, correct_content, total_content
get_correct_and_total_count(torch.ones(16), torch.randn(16, 8))
```

这个函数的入参已经过上一个函数的处理，所以预测结果和 labels 都已经是一句话了，而不是多句话。

在函数实现中，一共计算了两对正确数量和总数，它们的区别是一套计算了 0 这个标签，另一套则排除了 0 个标签。

之所以需要计算两套，是因为在 labels 中各个标签的分布并不是均匀的，0 这个标签的数量特别多，如果在计算正确率时包括 0 这个标签，则正确率很容易虚高。因为模型只要猜标签都是 0 就可以取得很高的正确率，为了排除标签 0 特别高，而导致的正确率虚高的问题，此处需要计算另一套正确数量和总数，即排除标签 0 后的正确数量和总数。

在代码的最后虚拟了数据对函数进行试算，运行结果如下：

```
(2, 16, 2, 16)
```

因为虚拟的 labels 全部是 1，并没有出现标签 0 的情况，所以统计得出的两套正确数量和总数相等。

2．训练

经过以上准备工作后，现在可以定义训练函数了，代码如下：

```
#第10章/训练
from transformers import AdamW
from transformers.optimization import get_scheduler
def train(epochs):
    lr = 2e-5 if model.tuning else 5e-4
    optimizer = AdamW(model.parameters(), lr=lr)
    criterion = torch.nn.CrossEntropyLoss()
    scheduler = get_scheduler(name='linear',
                      num_warmup_steps=0,
                      num_training_steps=len(loader) * epochs,
                      optimizer=optimizer)
    model.train()
    for epoch in range(epochs):
        for step, (inputs, labels) in enumerate(loader):
            #模型计算
            #[b, lens] -> [b, lens, 8]
            outs = model(inputs)
```

```
#对 outs 和 labels 变形，并且移除 PAD
#outs -> [b, lens, 8] -> [c, 8]
#labels -> [b, lens] -> [c]
outs, labels = reshape_and_remove_pad(outs, labels,
                                inputs['attention_mask'])

#梯度下降
loss = criterion(outs, labels)
loss.backward()
optimizer.step()
scheduler.step()
optimizer.zero_grad()
if step % (len(loader) * epochs //30) == 0:
    counts = get_correct_and_total_count(labels, outs)
    accuracy = counts[0] / counts[1]
    accuracy_content = counts[2] / counts[3]
    lr = optimizer.state_dict()['param_groups'][0]['lr']
    print(epoch, step, loss.item(), lr, accuracy, accuracy_content)
torch.save(model, 'model/中文命名实体识别.model')
```

训练函数接受一个参数 epochs，表示要使用全量数据训练几个轮次，由于是两段式训练，在两个阶段分别进行训练的轮次可能不一样，所以需要这个参数。

与以往的任务不同，由于采用了两段式训练，所以会根据模型是否处于微调模式选择不同的 Learning Rate，在非微调模式时选择较大的 Learning Rate，以快速训练下游任务模型；在微调模式时则选择较小的 Learning Rate，以精细地调节模型参数，帮助模型优化到更优的性能。

之后定义了优化器、loss 计算函数、学习率调节器。这 3 个工具在"实战任务 1：中文情感分类"一章中已经详细介绍过，此处不再赘述。

需要注意的是，优化器优化的参数表为下游任务模型的所有参数，因为下游任务模型存在微调模式的问题，在非微调模式下，预训练模型并不属于下游任务模型的一部分，所以优化器优化的参数数量会比较少，仅包含下游任务模型本身的参数。而在微调模式下，预训练模型属于下游任务模型的一部分，所以优化器优化的参数表也会包括预训练模型，这也是为什么要在切换微调模式时，设置下游任务模型的 pretrained 属性的原因。

接下来把下游任务模型切换到训练模式，并且在全量训练数据上遍历 epochs 个轮次，对模型进行训练。训练过程如下所述：

（1）从数据集加载器中获取一个批次的数据。

（2）让模型计算预测结果。

（3）使用工具函数对预测结果和 labels 进行变形，移除预测结果和 labels 中的 PAD。

（4）计算 loss 并执行梯度下降优化模型参数。

（5）每隔一定的 steps，输出一次模型当前的各项数据，便于观察。

（6）每训练完一个 epoch，将模型的参数保存到磁盘。

3. 两段式训练

完成以上工作之后，就可以进行两段式训练的第 1 步了，代码如下：

```
#第10章/两段式训练第1步，训练下游任务模型
model.fine_tuning(False)
print(sum(p.numel() for p in model.parameters()) / 10000)
train(1)
```

在这段代码中，首先把下游任务模型切换到非微调模式，之后输出了模型的参数量，由于预训练模型并不属于下游任务模型的一部分，所以此处期待的参数量应该稍小，最后在全量数据上训练 1 个轮次，运行结果如下：

```
354.9704
```

可以看到在非微调模式下，下游任务模型的参数量为 354 万。训练过程的输出见表 10-4。

表 10-4　第一阶段训练输出

epoch	steps	loss	lr	accuracy	accuracy_content
0	0	2.07508	0.00050	0.16785	0.10345
0	43	1.39399	0.00048	0.88058	0.15517
0	86	1.43706	0.00047	0.83735	0.23022
0	129	1.36416	0.00045	0.91008	0.32653
0	172	1.39929	0.00043	0.87485	0.23529
0	215	1.34419	0.00042	0.92991	0.34783
0	258	1.37513	0.00040	0.89892	0.29907
0	301	1.46982	0.00038	0.80423	0.17778
0	344	1.41084	0.00037	0.86348	0.21053
0	387	1.40618	0.00035	0.86787	0.25197
0	430	1.34309	0.00033	0.93099	0.37647
0	473	1.38146	0.00032	0.89258	0.27586
0	516	1.33311	0.00030	0.94095	0.40506
0	559	1.44887	0.00029	0.82519	0.16580
0	602	1.41702	0.00027	0.85714	0.27119
0	645	1.38288	0.00025	0.89130	0.26230
0	688	1.33721	0.00024	0.93683	0.40506
0	731	1.44161	0.00022	0.83241	0.17391
0	774	1.42223	0.00020	0.85180	0.23704
0	817	1.42237	0.00019	0.85165	0.22857
0	860	1.36208	0.00017	0.91194	0.26230

续表

epoch	steps	loss	lr	accuracy	accuracy_content
0	903	1.43938	0.00015	0.83467	0.20513
0	946	1.41155	0.00014	0.86247	0.21333
0	989	1.35191	0.00012	0.92213	0.33684
0	1032	1.41537	0.00010	0.85865	0.23022
0	1075	1.36020	0.00009	0.91381	0.32000
0	1118	1.32320	0.00007	0.95082	0.43243
0	1161	1.34013	0.00005	0.93388	0.40000
0	1204	1.34616	0.00004	0.92794	0.32990
0	1247	1.45413	0.00002	0.81991	0.17391
0	1290	1.38591	0.00000	0.88812	0.28319

从表 10-4 可以看出，随着训练步骤的增多，loss 收敛得很快，并且正确率已经很高，即达到了 85%，但排除 labels 中的 0 之后，正确率却只有 25%，可见正确率是虚高的。

接下来可以进行两段式训练的第二阶段，代码如下：

```
#第 10 章/两段式训练第 2 步，同时训练下游任务模型和预训练模型
model.fine_tuning(True)
print(sum(p.numel() for p in model.parameters()) / 10000)
train(5)
```

在这段代码中，把下游任务模型切换到微调模式，这意味着预训练模型将被一起训练。代码中输出了当前下游任务模型的参数量，由于预训练模型已经属于下游任务模型的一部分，因此此处的参数量期望会比较大，最后在全量数据上执行 5 个轮次的训练，运行结果如下：

```
4202.6504
```

可见切换到微调模式后，下游任务模型的参数量增加到 4200 万个，由于采用了较小的预训练模型，所以这个参数量的规模依然较小，即使在一颗 CPU 上训练这个任务，时间也应该在可接受的范围内。训练过程的输出见表 10-5。

表 10-5　第二阶段训练输出

epoch	steps	loss	lr	accuracy	accuracy_content
0	0	1.39651	0.00002	0.87748	0.24427
0	217	1.28862	0.00002	0.98527	0.75000
0	434	1.35506	0.00002	0.91930	0.48819
0	651	1.28943	0.00002	0.98387	0.82258
0	868	1.30688	0.00002	0.96764	0.83051
0	1085	1.28868	0.00002	0.98503	0.91589

续表

epoch	steps	loss	lr	accuracy	accuracy_content
0	1302	1.29080	0.00002	0.98207	0.82895
1	0	1.30445	0.00002	0.96940	0.80451
1	217	1.27802	0.00002	0.99710	0.97183
1	434	1.28768	0.00001	0.98539	0.93750
1	651	1.30215	0.00001	0.97259	0.86842
1	868	1.28568	0.00001	0.98833	0.92437
1	1085	1.28313	0.00001	0.99251	0.94565
1	1302	1.28193	0.00001	0.99288	0.96622
2	0	1.28462	0.00001	0.98989	0.95313
2	217	1.28221	0.00001	0.99290	0.98000
2	434	1.28458	0.00001	0.98945	0.93204
2	651	1.28043	0.00001	0.99368	0.93939
2	868	1.27903	0.00001	0.99525	0.99145
2	1085	1.29486	0.00001	0.98172	0.99359
2	1302	1.28952	0.00001	0.98396	0.93396
3	0	1.27765	0.00001	0.99565	0.98058
3	217	1.28233	0.00001	0.99175	0.92857
3	434	1.27795	0.00001	0.99743	0.98936
3	651	1.27691	0.00001	0.99746	1.00000
3	868	1.28578	0.00001	0.98703	0.94118
3	1085	1.27547	0.00000	0.99856	0.98969
3	1302	1.28833	0.00000	0.98736	0.93289
4	0	1.30917	0.00000	0.96628	0.86719
4	217	1.28267	0.00000	0.99134	0.96078
4	434	1.28588	0.00000	0.98862	0.93396
4	651	1.27632	0.00000	0.99730	1.00000
4	868	1.28863	0.00000	0.98551	0.91729
4	1085	1.27492	0.00000	1.00000	1.00000
4	1302	1.27954	0.00000	0.99417	0.96269

从表 10-5 可以看出，在本次的训练中不仅总体正确率上升了，排除标签 0 之后的正确率也上升了。

4. 测试

最后，对训练好的模型进行测试，以验证训练的有效性，代码如下：

```python
#第10章/测试
def test():
    #加载训练完的模型
    model_load = torch.load('model/中文命名实体识别.model')
    model_load.eval()
    model_load.to(device)
    #测试数据集加载器
    loader_test = torch.utils.data.DataLoader(dataset=Dataset('validation'),
                                              batch_size=128,
                                              collate_fn=collate_fn,
                                              shuffle=True,
                                              drop_last=True)

    correct = 0
    total = 0
    correct_content = 0
    total_content = 0
    #遍历测试数据集
    for step, (inputs, labels) in enumerate(loader_test):
        #测试5个批次即可, 不用全部遍历
        if step == 5:
            break
        print(step)
        #计算
        with torch.no_grad():
            #[b, lens] -> [b, lens, 8] -> [b, lens]
            outs = model_load(inputs)
        #对outs和labels变形, 并且移除PAD
        #outs -> [b, lens, 8] -> [c, 8]
        #labels -> [b, lens] -> [c]
        outs, labels = reshape_and_remove_pad(outs, labels,
                                              inputs['attention_mask'])
        #统计正确数量
        counts = get_correct_and_total_count(labels, outs)
        correct += counts[0]
        total += counts[1]
        correct_content += counts[2]
        total_content += counts[3]
    print(correct / total, correct_content / total_content)
test()
```

在这段代码中，首先从磁盘加载了训练完毕的模型，然后把模型切换到运行模式，再把模型移动到定义好的计算设备上。

完成模型的加载之后，定义测试数据集和加载器，并取出5个批次的数据让模型进行预测，最后统计两个正确率并输出，两个正确率之间的区别是一个统计了标签0，另一个则没有，运行结果如下：

```
0
1
2
3
4
0.9879000658286574 0.9409127954360228
```

经过 5 个批次的测试之后，最终模型取得了 98.8%和 94.1%的正确率的成绩，两个正确率之间的差距还是比较大的。考虑到这是一个 8 分类的任务，当前的正确率已经验证了模型的有效性。

5. 预测

验证了模型的有效性之后，可以进行一些预测，以更直观地观察模型的预测结果，代码如下：

```
#第10章/预测
def predict():
    #加载模型
    model_load = torch.load('model/中文命名实体识别.model')
    model_load.eval()
    model_load.to(device)
    #测试数据集加载器
    loader_test = torch.utils.data.DataLoader(dataset=Dataset('validation'),
                                              batch_size=32,
                                              collate_fn=collate_fn,
                                              shuffle=True,
                                              drop_last=True)

    #取一个批次的数据
    for i, (inputs, labels) in enumerate(loader_test):
        break
    #计算
    with torch.no_grad():
        #[b, lens] -> [b, lens, 8] -> [b, lens]
        outs = model_load(inputs).argmax(dim=2)
    for i in range(32):
        #移除PAD
        select = inputs['attention_mask'][i] == 1
        input_id = inputs['input_ids'][i, select]
        out = outs[i, select]
        label = labels[i, select]
        #输出原句子
```

```
        print(tokenizer.decode(input_id).replace(' ', ''))
        #输出 tag
        for tag in [label, out]:
            s = ''
            for j in range(len(tag)):
                if tag[j] == 0:
                    s += '·'
                    continue
                s += tokenizer.decode(input_id[j])
                s += str(tag[j].item())
            print(s)
        print('=========================')
predict()
```

在这段代码中执行了以下工作：

（1）加载了训练完毕的模型，并切换到运行模式，再移动到定义好的计算设备上。

（2）定义了测试数据集加载器，然后从数据集加载器中取出了一批数据。

（3）对这批数据进行预测。

（4）对原句子进行一些处理，以更符合人类的阅读习惯。

（5）输出 labels 和预测结果，以观察两者的异同。

由于输出的结果较长，考虑到篇幅此处只给出部分结果，以下是几个例子：

```
[CLS]长篇小说《放逐》出版青年作家刘方炜的长篇小说《放逐》日前由中国电影出版社出版。[SEP]
[CLS]7···········刘1方2炜2············中3国4电4影4出4版4社4···[SEP]7
[CLS]7···········刘1方2炜2············中3国4电4影4出4版4社4···[SEP]7
=========================
```

输出中的第 1 行为原文，中间一行为 labels，即网络计算的目标，第 3 行为网络预测的结果。从这个例子中看，网络预测的结果和原 labels 完全一致，没有任何错误，成功捕捉到了组织机构名"中国电影出版社"和人名"刘方炜"。

接下来再看三个例子，输出如下：

```
  [CLS]老人临走时，一再向房东表示感谢并激动地说：[UNK]西柏坡，和我的故乡一样亲切美好！
[UNK][SEP]
    [CLS]7···············西5柏6坡6···············[SEP]7
    [CLS]7···············西5柏6坡6···············[SEP]7
    =========================
  [CLS]水南流，至五门堰及斗山一带拐若干个荒滩大弯，人称龙摆尾，每年发大水都要甩开大片。
[SEP]
    [CLS]7·····五5门6堰6斗5山6···············[SEP]7
    [CLS]7·····五5门6堰6斗5山6···············[SEP]7
    =========================
  [CLS]两个月后少女平静地离去，她的身边簇拥着俊平的朋友们，枕边还放着俊平为她捎去的书。
```

```
[SEP]
    [CLS]7··················俊1平2········俊1平2···[SEP]7
    [CLS]7··················俊1平2········俊1平2···[SEP]7
    =========================
```

可见预测的结果和 labels 完全一致，没有任何错误，接下来再看几个错误的例子，输出如下：

```
    [CLS]为使农民尽快富起来，和万春还帮助农民架桥，组建 20 多支农运车队，每支队伍全年收入六七万元。[SEP]
    [CLS]7········和1万2春2····························[SEP]7
    [CLS]7········万1春2····························[SEP]7
    =========================
    [CLS]大连女子足球队今天在香港举行的首届[UNK]连港杯[UNK]女子足球赛中，以 3∶0 击败东道主中国香港队，夺得冠军。[SEP]
    [CLS]7大3连4女4子4足4球4队4··香5港6····连5港5·········中
3国4香4港4队4······[SEP]7
    [CLS]7大3连4女4子4足4球4队4···香5港6····连5港6·········东
3道4·中3国4香4港4队4······[SEP]7
    =========================
    [CLS]一些标志性的宏伟建筑，如国家大剧院，将在广场西侧兴建。[SEP]
    [CLS]7··········国5家6大6剧6院6···广5场6····[SEP]7
    [CLS]7··········国3家4大4剧4院4·········[SEP]7
    =========================
```

在第 1 个例子中，人名"和万春"被错认成了"万春"。

在第 2 个例子中，原文中的"东道主"并不是一个命名实体，但却被错误地识别为组织机构名"东道"。

在第 3 个例子中，地名"广场"没有被识别出来。

以上是一些典型的错误。

10.5　小结

本章通过命名实体识别任务介绍了预训练模型的再训练过程，并且介绍了两段式训练的原理以及操作方法，演示了完整的训练过程。通过本章的学习，希望读者能掌握预训练模型的再训方法，并能通过两段式训练的技巧更稳定地训练模型。

第 11 章

使用 TensorFlow 训练

11.1 任务简介

在前面的章节中,演示了 4 个中文任务,这些任务都是使用 PyTorch 计算的,HuggingFace 支持多个深度学习框架,包括 PyTorch 和 TensorFlow。有些读者可能对使用 TensorFlow 计算感兴趣,本章将使用 TensorFlow 框架再次实现中文命名实体识别任务,以演示在 TensorFlow 中使用 HuggingFace 的方法。

HuggingFace 支持 2.3 以上版本的 TensorFlow,在运行本章代码前,需要确保 TensorFlow 版本符合要求。

11.2 数据集介绍

本章使用的数据集依然是 people_daily_ner 数据集,该数据集在第 10 章已经详细介绍过,此处不再重复介绍,只给出数据示例,见表 11-1,如读者对该数据集不了解,则可参考第 10 章。

表 11-1 命名实体识别数据示例

文本	海	钓	比	赛	地	点	在	厦	门
标识	O	O	O	O	O	O	O	B-LOC	I-LOC
文本	与	金	门	之	间	的	海	域	。
标识	O	B-LOC	I-LOC	O	O	O	O	O	O

从表 11-1 就能很直观地看出网络模型的计算目标,即通过文本计算出标签。

11.3 模型架构

使用 TensorFlow 实现该任务和使用 PyTorch 实现的计算流程完全一致,计算流程如图 10-1 所示。

在使用 PyTorch 实现该任务时使用了两段式训练的技巧,在 TensorFlow 框架中依然将使用该技巧,以演示在 TensorFlow 框架中实现两段式训练的方法。

11.4 实现代码

11.4.1 准备数据集

1. 使用编码工具

HuggingFace 提供的编码工具支持多个深度学习框架,包括 PyTorch 和 TensorFlow,在更换计算框架时,编码工具的部分几乎不需要修改,加载编码工具的代码如下:

```
#第 11 章/加载编码器
from transformers import AutoTokenizer
tokenizer = AutoTokenizer.from_pretrained('hfl/rbt3')
tokenizer
```

运行结果如下:

```
PreTrainedTokenizerFast(name_or_path='hfl/rbt3', vocab_size=21128,
model_max_len=1000000000000000019884624838656, is_fast=True, padding_side=
'right', truncation_side='right', special_tokens={'unk_token': '[UNK]',
'sep_token': '[SEP]', 'pad_token': '[PAD]', 'cls_token': '[CLS]', 'mask_token':
'[MASK]'})
```

这部分代码和使用的计算框架无关,所以和使用 PyTorch 时的代码完全一致。

加载编码工具之后,可以进行一次试算,以观察输入和输出,代码如下:

```
#第 11 章/编码测试
out = tokenizer.batch_encode_plus(
    [[
        '海', '钓', '比', '赛', '地', '点', '在', '厦', '门', '与', '金', '门',
'之', '间',
        '的', '海', '域', '。'
    ],
    [
        '这', '座', '依', '山', '傍', '水', '的', '博', '物', '馆', '由', '国',
'内', '一',
        '流', '的', '设', '计', '师', '主', '持', '设', '计', '。'
    ]],
    truncation=True,
    padding=True,
    return_tensors='tf',
    max_length=20,
```

```
        is_split_into_words=True)
#将编码还原为句子
print(tokenizer.decode(out['input_ids'][0]))
print(tokenizer.decode(out['input_ids'][1]))
for k, v in out.items():
    print(k, v)
```

由于编码工具同时支持 PyTorch 和 TensorFlow，所以此处的代码也几乎是一样的，唯一的修改点是 batch_encode_plus()函数的参数 return_tensors='tf'，在 PyTorch 框架中该参数的值为'pt'，在使用 TensorFlow 框架时应修改为'tf'。

运行结果如下：

```
[CLS] 海钓比赛地点在厦门与金门之间的海域。 [SEP]
[CLS] 这座依山傍水的博物馆由国内一流的设计 [SEP]
input_ids tf.Tensor(
[[ 101 3862 7157 3683 6612 1765 4157 1762 1336 7305  680 7032 7305  722
  7313 4638 3862 1818  511  102]
 [ 101 6821 2429  898 2255  988 3717 4638 1300 4289 7667 4507 1744 1079
   671 3837 4638 6392 6369  102]], shape=(2, 20), dtype=int32)
token_type_ids tf.Tensor(
[[0 0 0 0 0 0 0 0 0 0 0 0 0 0 0 0 0 0 0 0]
 [0 0 0 0 0 0 0 0 0 0 0 0 0 0 0 0 0 0 0 0]], shape=(2, 20), dtype=int32)
attention_mask tf.Tensor(
[[1 1 1 1 1 1 1 1 1 1 1 1 1 1 1 1 1 1 1 1]
 [1 1 1 1 1 1 1 1 1 1 1 1 1 1 1 1 1 1 1 1]], shape=(2, 20), dtype=int32)
```

可以看到编码的结果已经是 TensorFlow 的 Tensor 格式。

2. 定义数据集

如前所述，本次任务需要使用的数据集为 people_daily_ner，加载数据集的函数的代码如下：

```
#第 11 章/获取数据集
from datasets import load_dataset, load_from_disk
def get_dataset(split):
    #在线加载数据集
    #dataset = load_dataset(path='people_daily_ner', split=split)
    #离线加载数据集
    dataset = load_from_disk(dataset_path='./data/people_daily_ner')[split]
    #打乱顺序
    dataset.shuffle()
    #dataset.features['ner_tags'].feature.num_classes
    #7
    #dataset.features['ner_tags'].feature.names
    #['O', 'B-PER', 'I-PER', 'B-ORG', 'I-ORG', 'B-LOC', 'I-LOC']
```

```
    return dataset
dataset = get_dataset('train')
dataset
```

在这段代码中，给出了两种加载数据集的方法，分别为在线加载和离线加载，读者可以根据自己的网络环境选中其中一种方法，离线加载所需要的数据文件可在本书的配套资源中找到。

由于在本章代码中需要多次加载数据集，所以把加载数据集封装成一个函数，便于后续的调用，调用该函数时传入需要加载的数据部分即可，数据部分包括训练集和测试集，参数值分别为 train 和 test。

在代码的最后加载了训练数据集，运行结果如下：

```
Dataset({
    features: ['id', 'tokens', 'ner_tags'],
    num_rows: 20865
})
```

可见训练数据集包括 20 865 条数据，每条数据包括一条分好词的文本和一个标签列表。值得注意的是此处的数据依然是文本数据，还没有被编码器编码。

3. 定义数据加载函数

与在 PyTorch 框架中不同，TensorFlow 没有特别好的数据遍历工具，可以自定义一个数据遍历函数，代码如下：

```
#第11章/定义数据遍历函数
import TensorFlow as tf
def get_batch_data(dataset, idx, batch_size):
    idx_from = idx * batch_size
    idx_to = idx_from + batch_size
    if idx_to > dataset.num_rows:
        return None, None
    data = dataset[idx_from:idx_to]
    #编码数据
    inputs = tokenizer.batch_encode_plus(data['tokens'],
                                truncation=True,
                                padding=True,
                                return_tensors='tf',
                                max_length=512,
                                is_split_into_words=True)
    labels = data['ner_tags']
    #求一批数据中最长句子的长度
    lens = inputs['input_ids'].shape[1]
    #在labels的头尾补充7,把所有的labels补充成统一的长度
    for i in range(len(labels)):
```

```
        labels[i] = [7] + labels[i]
        labels[i] += [7] * lens
        labels[i] = labels[i][:lens]
    labels = tf.constant(labels, dtype=tf.int32)
    return inputs, labels
```

数据加载函数的任务是取出数据集中的一批数据，并把这批数据编码成适合模型计算的格式。在这段代码中首先根据序号和 batch_size 计算出遍历的起点和终点，再使用起点和终点从数据集中取出这一段数据，即此次要处理的一批数据。

如果数据加载函数发现遍历已经越界，则会返回 None 值，表明这一轮次的数据遍历已经结束。

得到一批要处理的数据以后，使用编码工具编码这一批句子，在参数指定了编码后，结果最长为 512 个词，超过 512 个词的句子将被截断。

在一批句子中有的句子长，有的句子短，为了便于网络处理，需要把这些数据整理成矩阵的形式，要求这些句子有相同的长度，参数 padding=True 会对这批句子补充 PAD，使其成同样的长度，具体长度取决于这一个批次中最长的句子有多长，该过程如图 11-1 所示。

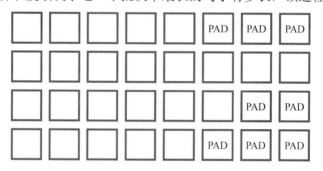

图 11-1　动态补充 PAD 示意

在编码时，通过参数 return_tensors='tf'让编码的结果为 TensorFlow 的 Tensor 格式，免去了后续转换数据格式的麻烦。

和使用 PyTorch 实现时数据整理函数一样，这里也需要对 labels 进行填充，在一批数据中 labels 的长短是不一的，为了把 labels 也转换成便于处理的矩阵，需要对 labels 进行填充，让所有的 labels 的长度一致。具体的做法是在所有 labels 的开头插入一个标签 7，对应文本开头会被插入的[CLS]标签，之后在 labels 的尾部也填充 7，直到 labels 的长度达到当前批次中最长的句子的长度。经过以上操作之后，当前批次中所有的 labels 的长度都一致，这样就可以转换为矩阵便于后续的计算了。

定义好了数据加载函数，可以取一批样例数据，查看数据样例的格式，代码如下：

```
#第11章/查看数据样例
inputs, labels = get_batch_data(dataset, 0, 16)
for k, v in inputs.items():
```

```
    print(k, v.shape)
print('labels', labels.shape)
```

运行结果如下：

```
input_ids(16, 140)
token_type_ids (16, 140)
attention_mask (16, 140)
labels(16, 140)
```

从结果可以看出，这批数据中最长的数据为 140 个词，包括 labels 在内的结果中有 4 个矩阵。

11.4.2 定义模型

1. 加载预训练模型

完成以上工作以后就可以加载预训练模型了，代码如下：

```
#第11章/加载预训练模型
from transformers import TFAutoModel
pretrained = TFAutoModel.from_pretrained('hfl/rbt3')
#查看模型概述
pretrained.summary()
```

和 PyTorch 不同，使用 TensorFlow 计算时需要使用 TFAutoModel 类来加载模型，在代码的最后，输出了模型的概述，运行结果如下：

```
Model: "tf_bert_model"

_____
Layer (type)                 Output Shape              Param #
=================================================================
bert (TFBertMainLayer)       multiple                  38476800
=================================================================
Total params: 38,476,800
Trainable params: 38,476,800
Non-trainable params: 0
_____
```

可见模型的参数量约 3800 万个，和使用 PyTorch 实现时大致相同。

定义好预训练模型之后，可以进行一次试算，计算方法和使用 PyTorch 实现时相同，代码如下：

```
#第11章/模型试算
#[b, lens] -> [b, lens, 768]
pretrained(**inputs).last_hidden_state.shape
```

运行结果如下：

```
TensorShape([16, 140, 768])
```

计算后输出的结果也和使用 PyTorch 实现时相同，也是 16 句话的结果，每句话包括 140 个词，每个词被抽成了一个 768 维的向量。到此为止，通过预训练模型成功地把 16 句话转换为了一个特征向量矩阵，可以接入下游任务模型，进行后续的计算。

2. 定义下游任务模型

下游任务模型的计算过程和使用 PyTorch 实现时相同，只是修改为使用 TensorFlow 计算，同样需要支持两段式训练，代码如下：

```
#第11章/定义下游模型
class Model(tf.Keras.Model):
    def __init__(self):
        super().__init__()
        #标识当前模型是否处于 tuning 模式
        self.tuning = False
        #当处于 tuning 模式时 backbone 应该属于当前模型的一部分,否则该变量为空
        self.pretrained = None
        #当前模型的神经网络层
        self.rnn = tf.Keras.layers.GRU(units=768, return_sequences=True)
        self.fc = tf.Keras.layers.Dense(units=8, activation=tf.nn.Softmax)
    def call(self, inputs):
        #根据当前模型是否处于 tuning 模式而使用外部 backbone 或内部 backbone 计算
        if self.tuning:
            out = self.pretrained(**inputs).last_hidden_state
        else:
            out = pretrained(**inputs).last_hidden_state
        #backbone 抽取的特征输入 RNN 网络进一步抽取特征
        out = self.rnn(out)
        #RNN 网络抽取的特征最后输入 FC 神经网络分类
        out = self.fc(out)
        return out
    #切换下游任务模型的 tuning 模式
    def fine_tuning(self, tuning):
        self.tuning = tuning
        #tuning 模式时,训练 backbone 的参数
        if tuning:
            self.pretrained = pretrained
        #非 tuning 模式时,不训练 backbone 的参数
        else:
            self.pretrained = None
model = Model()
```

```
model(inputs).shape
```

运行结果如下：

```
TensorShape([16, 140, 8])
```

从结果可以看出，运算的结果为 16 句话、140 个词、每个词为 8 分类结果。

11.4.3　训练和测试

1. 两个工具函数

和使用 PyTorch 实现时相同，此处也需要定义两个工具函数，第 1 个函数的功能是对计算结果和 labels 变形，并且移除 PAD，实现代码如下：

```
#第 11 章/对计算结果和 labels 变形,并且移除 PAD
def reshape_and_remove_pad(outs, labels, attention_mask):
    #变形,便于计算 loss
    #[b, lens, 8] -> [b*lens, 8]
    #[b, lens] -> [b*lens]
    outs = tf.reshape(outs, [-1, 8])
    labels = tf.reshape(labels, [-1])
    #忽略对 PAD 的计算结果
    #[b, lens] -> [b*lens - pad]
    select = tf.reshape(attention_mask, [-1]) == 1
    outs = outs[select]
    labels = labels[select]
    return outs, labels
reshape_and_remove_pad(tf.random.normal([2, 3, 8]), tf.ones([2, 3]),
                       tf.ones([2, 3]))
```

在代码的最后使用一批虚拟的数据试算该函数，运行结果如下：

```
(<tf.Tensor: shape=(6, 8), dtype=float32, NumPy=
 array([[-0.8518044,  0.56981546,  1.7722402,  1.5570363,  -0.5452776,
         -0.05904967, 0.6430304,  -0.5592008],
        [-0.10965751, 0.31557927, -1.1976087,  0.11825781, -0.89963585,
         -1.1651767, -1.7429291,  -1.4400107],
        [1.4001974, -1.3210682,  -0.37927464, -0.14094475,-1.3921576,
         -0.12169897, 0.11071096, -0.521887],
        [-2.4660468,  0.41077474, -0.06646279, -1.8674058, 0.23685668,
         -1.4304556,  0.2736403,   0.40887165],
        [-0.47869956, 0.6307642,  1.0175115,   0.6412728, 0.9174518,
         -1.6071075,  0.8128216,  -0.12776785],
        [0.9170497,   0.62383527, 0.4977573,   -0.0440811, 0.39723176,
         1.4127846,  -0.50897956, 1.7356095]], dtype=float32)>,
<tf.Tensor: shape=(6,), dtype=float32, NumPy=array([1., 1., 1., 1., 1., 1.],
```

```
dtype=float32)>)
```

第2个函数用于计算预测结果中预测正确了多少个，以及一共有多少个预测结果，代码如下：

```
#第11章/获取正确数量和总数
def get_correct_and_total_count(outs, labels):
    #[b*lens, 8] -> [b*lens]
    outs = tf.argmax(outs, axis=1, output_type=tf.int32)
    correct = tf.cast(outs == labels, dtype=tf.int32)
    correct = int(tf.reduce_sum(correct))
    total = len(labels)
    #计算除了0以外元素的正确率,因为0太多了,所以正确率很容易虚高
    select = labels != 0
    outs = outs[select]
    labels = labels[select]
    correct_content = tf.cast(outs == labels, dtype=tf.int32)
    correct_content = int(tf.reduce_sum(correct_content))
    total_content = len(labels)
    return correct, total, correct_content, total_content
get_correct_and_total_count(tf.random.normal([16, 8]),
                            tf.ones([16], dtype=tf.int32))
```

和使用PyTorch实现时一样，在这个函数中，一共计算了两对正确数量和总数，它们的区别是一套计算了0这个标签，另一套则排除了0这个标签。因为在labels中各个标签的分布并不是均匀的，0这个标签的数量特别多，如果在计算正确率时包括0这个标签，则正确率很容易虚高，因此需要在排除0这个标签以后额外计算一套正确数量和总数。

在代码的最后虚拟了数据对函数进行试算，运行结果如下：

```
(2, 16, 2, 16)
```

因为虚拟的labels全部是1，并没有出现标签0的情况，所以统计得出的两套正确数量和总数相等。

2. 训练

经过以上准备工作后，现在可以定义训练函数了，代码如下：

```
#第11章/训练
from transformers import create_optimizer
def train(epochs):
    #创建优化器和学习率衰减工具
    optimizer, schedule = create_optimizer(
        #如果模型是tuning模式,则使用更小的学习率
        init_lr=2e-5 if model.tuning else 5e-4,
        num_warmup_steps=0,
```

```
        #统计总 steps
        num_train_steps=(dataset.num_rows //16) * epochs)
for epoch in range(epochs):
    i = 0
    while True:
        #取 1 个批次的数据
        inputs, labels = get_batch_data(dataset, i, 16)
        #如果没有取到数据,则说明数据已经遍历结束
        if inputs == None:
            break
        #记录梯度变化
        with tf.GradientTape() as tape:
            #模型计算
            #[b, lens] -> [b, lens, 8]
            outs = model(inputs)
            #对 outs 和 labels 变形,并且移除 PAD
            #outs -> [b, lens, 8] -> [c, 8]
            #labels -> [b, lens] -> [c]
            outs, labels = reshape_and_remove_pad(outs, labels,
                                       inputs['attention_mask'])
            #计算 loss
            loss = tf.losses.categorical_crossentropy(
                y_true=tf.one_hot(labels, depth=8),
                y_pred=outs,
                from_logits=False,
                axis=1,
            )
            loss = tf.reduce_mean(loss)
        #根据 loss 计算参数梯度
        grads = tape.gradient(loss, model.trainable_variables)
        #根据梯度更新参数
        optimizer.apply_gradients(
            (grad, var)
            for (grad, var) in zip(grads, model.trainable_variables)
            if grad is not None)
        #衰减学习率
        schedule(1)
        if i % 50 == 0:
            counts = get_correct_and_total_count(outs, labels)
            accuracy = counts[0] / counts[1]
            accuracy_content = counts[2] / counts[3]
            lr = float(optimizer.lr(optimizer.iterations))
            print(epoch, i, float(loss), lr, accuracy, accuracy_content)
```

```
                    i += 1
            #保存模型参数
    model.save_weights('model/tf_parameters/中文命名实体识别')
```

和使用 PyTorch 实现时一样，本章也将使用两段式训练，在两个阶段的训练轮次可能不一样，所以需要 epochs 这个参数。

HuggingFace 提供了工具函数 create_optimizer()，用于创建 TensorFlow 的优化器和 Learning Rate 衰减器，下面对这个工具函数的各个参数分别进行介绍。

（1）参数 init_lr：初始的 Learning Rate，在代码中会根据模型的微调模式选择不同的初始 Learning Rate，如果处于微调模式，则使用更小的 Learning Rate，防止模型出现灾难性遗忘。

（2）参数 num_warmup_steps：Learning Rate 预热步数，表明在开始训练后，多少个 steps 之内不衰减 Learning Rate，而是提高 Learning Rate 以更快地训练模型。

（3）参数 num_train_steps：表明一共将训练多少个 steps，在这些 steps 之后 Learning Rate 将会被衰减为 0。

创建完了优化器和 Learning Rate 衰减器，就开始遍历数据，在训练数据集上遍历 epochs 个轮次，每次使用数据加载函数获取一批数据，如果获取的数据为 None，则说明此次遍历已经结束。

把每一批数据输入模型进行计算，得到计算结果以后使用 tf.losses.categorical_crossentropy()函数计算交叉熵 loss，下面对该函数的各个参数分别进行介绍。

（1）参数 y_true：即 labels，但此处需要的是 One Hot 的格式，使用 tf.one_hot()函数把 labels 转换为 One Hot 格式传入即可。

（2）参数 y_pred：即模型计算的结果。

（3）参数 from_logits：由于计算结果经过了激活函数 Softmax 的计算，所以并不是 logits 的，此处传入 False。

（4）参数 axis：表明要计算交叉熵的维度，由于计算的结果维度为[字,分类]，所以传入分类所在的索引 1 即可。

tf.losses.categorical_crossentropy()函数计算的 loss 为 N 个字的交叉熵，使用 tf.reduce_mean()函数求平均值即为最终的 loss。

得到 loss 以后可以根据 loss 求得模型中各个参数的梯度，最后使用优化器根据梯度优化参数即可。

每训练完一个 epoch，把模型的参数保存到磁盘上，以便于后续调用。

3. 两段式训练

做完以上工作之后，就可以进行两段式训练的第 1 步了，代码如下：

```
#第11章/两段式训练第1步,训练下游任务模型
model.fine_tuning(False)
print(sum([int(tf.size(i)) for i in model.trainable_variables]) / 10000)
```

```
train(1)
```

在这段代码中，首先把下游任务模型切换到非微调模式，之后输出模型的参数量，由于预训练模型并不属于下游任务模型的一部分，所以此处期待的参数量应该稍小，最后在全量数据上训练一个轮次，运行结果如下：

```
354.9704
```

可以看到在非微调模式下，下游任务模型的参数量约为 354 万。训练过程的输出见表 11-2。

表 11-2　第一阶段训练输出

epoch	steps	loss	lr	accuracy	accuracy_content
0	0	2.44461	0.00050	0.02155	0.10345
0	50	0.16654	0.00048	0.94665	0.78862
0	100	0.08638	0.00046	0.97172	0.80374
0	150	0.49765	0.00044	0.83914	0.52050
0	200	0.09513	0.00042	0.97226	0.88596
0	250	0.09418	0.00040	0.97581	0.88312
0	300	0.12022	0.00038	0.95476	0.74046
0	350	0.07732	0.00037	0.97291	0.78302
0	400	0.05464	0.00035	0.97645	0.91667
0	450	0.11771	0.00033	0.96198	0.85714
0	500	0.03441	0.00031	0.99008	0.96330
0	550	0.04895	0.00029	0.97831	0.80645
0	600	0.06469	0.00027	0.97674	0.92308
0	650	0.01943	0.00025	0.99561	0.96629
0	700	0.06868	0.00023	0.96717	0.84553
0	750	0.04750	0.00021	0.98769	0.93407
0	800	0.06814	0.00019	0.97251	0.85124
0	850	0.13955	0.00017	0.93949	0.74138
0	900	0.04371	0.00015	0.98525	0.94845
0	950	0.10262	0.00014	0.96715	0.78378
0	1000	0.09408	0.00012	0.97430	0.95745
0	1050	0.15884	0.00010	0.93086	0.74611
0	1100	0.04948	0.00008	0.98250	0.92357
0	1150	0.10110	0.00006	0.96373	0.81119
0	1200	0.06494	0.00004	0.97472	0.80800

epoch	steps	loss	lr	accuracy	accuracy_content
0	1250	0.11742	0.00002	0.95152	0.82386
0	1300	0.11347	0.00000	0.96361	0.87654

从表 11-2 可以看出，随着训练步骤的增多，loss 收敛得很快，并且正确率已经很高，达到了 96%，在排除 labels 中的 0 之后，正确率为 80% 左右。

接下来可以进行两段式训练的第二阶段，代码如下：

```
#第11章/两段式训练第2步,同时训练下游任务模型和预训练模型
model.fine_tuning(True)
print(sum([int(tf.size(i)) for i in model.trainable_variables]) / 10000)
train(2)
```

在这段代码中，把下游任务模型切换到微调模式，这意味着预训练模型将被一起训练，代码中输出了当前下游任务模型的参数量，由于预训练模型已经属于下游任务模型的一部分，所以此处的参数量期望会比较大，最后在全量数据上执行两个轮次的训练，运行结果如下：

```
4202.6504
```

可见切换到微调模式后，下游任务模型的参数量增加到约 4200 万个，由于采用了较小的预训练模型，所以这个参数量的规模依然较小，即使在一颗 CPU 上训练这个任务，时间也应该在可接受的范围内。训练过程的输出见表 11-3。

表 11-3　第二阶段训练输出

epoch	steps	loss	lr	accuracy	accuracy_content
0	0	0.04604	0.00002	0.98352	0.93966
0	100	0.03638	0.00002	0.98416	0.88785
0	200	0.04009	0.00002	0.98686	0.92982
0	300	0.08964	0.00002	0.97143	0.85496
0	400	0.04041	0.00002	0.98199	0.95833
0	500	0.01534	0.00002	0.99575	0.97248
0	600	0.03518	0.00002	0.98605	0.95604
0	700	0.03754	0.00001	0.98632	0.95122
0	800	0.04189	0.00001	0.98953	0.95041
0	900	0.02225	0.00001	0.99464	1.00000
0	1000	0.06273	0.00001	0.98131	0.98936
0	1100	0.02301	0.00001	0.98950	0.96178
0	1200	0.03671	0.00001	0.98127	0.88800
0	1300	0.07266	0.00001	0.98418	0.90123

续表

epoch	steps	loss	lr	accuracy	accuracy_content
1	50	0.01916	0.00001	0.99372	0.97561
1	150	0.06045	0.00001	0.98053	0.95268
1	250	0.01232	0.00001	0.99654	0.98052
1	350	0.01322	0.00001	0.99411	0.95283
1	450	0.06368	0.00001	0.98606	0.94444
1	550	0.01757	0.00001	0.99157	0.92473
1	650	0.00535	0.00001	0.99708	0.97753
1	750	0.00922	0.00000	0.99590	0.97802
1	900	0.01218	0.00000	0.99866	1.00000
1	1000	0.02044	0.00000	0.99416	0.98936
1	1100	0.01209	0.00000	0.99767	0.98726
1	1200	0.01193	0.00000	0.99625	0.97600
1	1300	0.03333	0.00000	0.99051	0.93827

从表 11-3 可以看出，在本次的训练中不仅总体正确率上升了，排除标签 0 之后的正确率也上升了。

4. 测试

最后，对训练好的模型进行测试，以验证训练的有效性，代码如下：

```
#第 11 章/测试
def test():
    #加载训练完的模型参数
    model.load_weights('model/tf_parameters/中文命名实体识别')
    #测试数据集
    dataset_test = get_dataset('test')
    correct = 0
    total = 0
    correct_content = 0
    total_content = 0
    #测试 5 个批次即可
    for i in range(5):
        print(i)
        inputs, labels = get_batch_data(dataset_test, i, 128)
        #计算
        #[b, lens] -> [b, lens, 8] -> [b, lens]
        outs = model(inputs)
        #对 outs 和 labels 变形,并且移除 PAD
        #outs -> [b, lens, 8] -> [c, 8]
```

```
            #labels -> [b, lens] -> [c]
            outs, labels = reshape_and_remove_pad(outs, labels,
                                            inputs['attention_mask'])
            #统计正确数量
            counts = get_correct_and_total_count(outs, labels)
            correct += counts[0]
            total += counts[1]
            correct_content += counts[2]
            total_content += counts[3]
        print(correct / total, correct_content / total_content)
test()
```

在这段代码中，首先从磁盘加载训练完毕的模型参数。获取了测试数据集，并加载了 5 个批次，每个批次有 128 条数据让模型进行预测，最后统计两个正确率并输出，运行结果如下：

```
0
1
2
3
4
0.9899993506071822 0.9566824060767809
```

经过 5 个批次的测试之后，最终模型取得了约 99.0%和 95.7%的正确率。

5. 预测

验证了模型的有效性之后，可以进行一些预测，以更直观地观察模型的预测结果，代码如下：

```
#第 11 章/预测
def predict():
    #加载训练完的模型参数
    model.load_weights('model/tf_parameters/中文命名实体识别')
    #测试数据集
    dataset_test = get_dataset('test')
    #取一个批次的数据
    inputs, labels = get_batch_data(dataset_test, 0, 32)
    #计算
    #[b, lens] -> [b, lens, 8] -> [b, lens]
    outs = model(inputs)
    outs = tf.argmax(outs, axis=2, output_type=tf.int32)
    for i in range(32):
        #移除 PAD
        select = inputs['attention_mask'][i] == 1
        input_id = tf.boolean_mask(inputs['input_ids'][i], axis=0, mask=select)
```

```
        out = tf.boolean_mask(outs[i], axis=0, mask=select)
        label = tf.boolean_mask(labels[i], axis=0, mask=select)
        #输出原句子
        print(tokenizer.decode(input_id).replace(' ', ''))
        #输出tag
        for tag in [label, out]:
            s = ''
            for j in range(len(tag)):
                if tag[j] == 0:
                    s += '·'
                    continue
                s += tokenizer.decode(input_id[j])
                s += str(int(tag[j]))
            print(s)
        print('==========================')
predict()
```

这段代码的实现和使用 PyTorch 实现时的思路完全一致，只是修改为使用 TensorFlow 进行计算，故代码内容不再详细解释。

由于输出的结果较长，考虑到篇幅此处只给出部分结果，参看以下几个例子：

```
[CLS]可一想到自己这个大老爷们得让妻子养活,王建新闷在心里的苦水直往嗓子眼上冒。[SEP]
[CLS]7·····················王1建2新2·····················[SEP]7
[CLS]7·····················王1建2新2·····················[SEP]7
==========================
[CLS]本报北京5月10日讯亚洲山地车锦标赛男、女越野赛的上届冠军今天在这里双双失利；中国
的马燕萍和日本的户漳井俊介都以绝对的优势夺金。[SEP]
[CLS]7··北5京6····亚5洲6···················中
3国4·马1燕2萍2·日3本4·户1漳2井2俊2介2·······[SEP]7
[CLS]7··北5京6····亚5洲6···················中
5国6·马1燕2萍2·日3本6·户1漳2井2俊2介2·······[SEP]7
==========================
```

输出中的第 1 行为原文，中间一行为 labels，即网络计算的目标，第 3 行为网络预测的结果，从这个例子中看，网络预测的结果和原 labels 完全一致，没有任何错误，成功地捕捉到了人名"王建新""马燕萍""户漳井俊介"和地名"北京""亚洲""中国"。

接下来再看以下两个例子：

```
[CLS]天津儿童医院儿科研究所研究的[UNK]人类微小病毒b19外壳蛋白基因vp2的克隆与表达
[UNK]课题获得成功,日前通过专家评审。[SEP]
[CLS]7天3津4儿4童4医4院4儿4科4研4究4所
4······························[SEP]7
[CLS]7天3津4儿4童4医4院4儿4科4研4究4所
4······························[SEP]7
```

```
=======================
[CLS]△部队作家艾奇的报告文学新著《金陵桂冠》近日由江苏文艺出版社出版。[SEP]
[CLS]7·····艾1奇2·····金5陵6······江3苏4文4艺4出4版4社
4···[SEP]7
[CLS]7·····艾1奇2·····金5陵6······江3苏4文4艺4出4版4社
4···[SEP]7
=======================
```

成功捕捉到了组织机构名"天津儿童医院儿科研究所""江苏文艺出版社",以及人名"艾奇"和地名"金陵"。

接下来再看以下3个错误的例子:

```
[CLS]本报讯6月20日,红双喜中国乒乓球俱乐部甲级联赛大战7场,掀起一个小高潮。[SEP]
[CLS]7········红3双4喜4中5国6·············[SEP]7
[CLS]7········红3双4·中5国6·············[SEP]7
=======================
[CLS]昨天,他们对喀麦隆的比赛,则受到此间舆论的好评。[SEP]
[CLS]7····喀3麦4隆4···········[SEP]7
[CLS]7····喀5麦6隆6···········[SEP]7
=======================
[CLS]我们常常一早从桥儿沟鲁艺出发,通过飞机场,过延河到文化俱乐部;往往演出到深夜才又经过
飞机场,踏着寂静和曲折的山路返回鲁艺。[SEP]
[CLS]7·····桥5儿6沟6鲁3艺4·········延5河
6·················鲁3艺4·[SEP]7
[CLS]7·····桥5儿6沟6鲁4艺4·········延5河4··化4··部
4·················鲁5艺4·[SEP]7
=======================
```

在第1个例子中,组织机构名"红双喜"被捕捉成了"红双",少了一个字。

在第2个例子中,地名"喀麦隆"在数据集中被错误地标记为组织机构名,但其实应该是地名,所以这是一个数据集本身的错误,而在网络的计算结果中纠正了这个错误。可见网络不仅有高正确率,而且有纠正数据错误的能力。

在第3个例子中网络捕捉到了地名"桥儿沟""延河"和组织机构名"鲁艺",但也错误捕捉到了单个字的"化"和"部"。

以上是一些典型的错误。

11.5 小结

本章使用 TensorFlow 框架再次实现了命名实体识别任务,通过这个例子演示在 TensorFlow 框架下使用 HuggingFace 的方法。

第 12 章

使用自动模型

12.1　任务简介

通过前面的几个实战任务，相信读者已经发现使用 HuggingFace 训练 NLP 模型的一般形式，大体上可以分为以下几个步骤：

（1）准备数据集。

（2）加载预训练模型。

（3）定义下游任务模型。

（4）执行训练和测试。

其中预训练模型一般起将文本特征抽取为向量的作用，在下游任务模型中使用抽取好的特征向量执行分类及回归等任务。

前面几个任务是通过手动定义的方式获得下游任务模型的，针对一些常见的任务，HuggingFace 提供了预定义的下游任务模型，包括以下任务类型：

（1）预测下一个词。

（2）文本填空。

（3）问答任务。

（4）文本摘要。

（5）文本分类。

（6）命名实体识别。

（7）翻译。

以上是针对文本常见的任务，事实上 HuggingFace 不仅支持处理文本数据，还能处理声频和图像数据，但暂时让我们聚焦在文本任务上。

在本章中将会以文本分类任务为例演示 HuggingFace 预定义的下游任务模型的使用方法。

使用预定义的下游任务能够给我们提供一种思路，通过阅读预定义模型的源代码，可以查看 HuggingFace 在实现特定的下游任务时是如何定义模型的，进而可以照猫画虎，定义自己的模型。

12.2　数据集介绍

本章所使用的数据集依然是 ChnSentiCorp 数据集，在前面的几个章节中已经反复使用过此数据集，相信读者已经很熟悉这个数据集了，此处不再赘述。本次任务的部分数据样例见表 12-1，通过该表读者可对本次任务数据集有直观的认识。

表 12-1　**ChnSentiCorp 数据集数据样例**

评　　　价	标　　识
整体外型比照片好看很多，外壳也有防指纹的设计，发热量也可接受。	好评
距离川沙公路较近，但是公交指示不对，如果是"蔡陆线"，则会非常麻烦。建议用别的路线，房间较为简单。	好评
我喜欢这个酒店，因为那里有笑容！因为方便！因为价格合理！还有登州路 56 号的青岛啤酒！到芜湖，经常因为仓促而订不到国信。一大憾事！	好评
除了地理位置很好之外，服务差，房间味道大，隔音效果差，早餐简直无法下箸。另外，服务员经常拒绝客人使用信用卡！	差评
轻便，方便携带，性能也不错，能满足平时的工作需要，对出差人员来讲非常不错。	好评
很好的地理位置，一蹋糊涂的服务，萧条的酒店。	差评
差得要命，很大股霉味，勉强住了一晚，第二天大早赶紧溜。	差评
非常不错，服务很好，位于市中心区，交通方便，不过价格也高！	好评
还不错，可以住一下，并且建议住高一点层次的房间。	好评

12.3　模型架构

和以往的任务不同，本章不再手动定义下游任务模型，而是使用 HuggingFace 预定义的文本分类任务模型。但是在该模型内部，依然包括预训练模型和下游任务模型两部分，只是 HuggingFace 通过 API 的方式对调用者隐藏了具体的细节，但作为调用者应该做到心中有数，认识到该模型仍然是一个两段式的模型结构。

为了体现自动模型的封装性，图 12-1 中并没有画出自动模型内部的细节。

非常不错，服务很好，位于市中心区，交通方便，不过价格也高！

[0.3, 0.7]

图 12-1　使用自动模型的计算过程

12.4　实现代码

12.4.1　准备数据集

1. 使用编码工具

和以往所有的任务一样，在准备数据集的过程中依然需要用到编码工具，代码如下：

```
#第12章/加载编码工具
from transformers import BertTokenizer
token = BertTokenizer.from_pretrained('bert-base-chinese')
token
```

运行结果如下：

```
PreTrainedTokenizer(name_or_path='bert-base-chinese', vocab_size=21128,
model_max_len=512, is_fast=False, padding_side='right', truncation_side='right',
special_tokens={'unk_token': '[UNK]', 'sep_token': '[SEP]', 'pad_token': '[PAD]',
'cls_token': '[CLS]', 'mask_token': '[MASK]'})
```

2. 定义数据集

在本章中，不再把 HuggingFace 数据集封装成 PyTorch 的 Dataset 对象，而是直接使用 HuggingFace 的数据集对象，代码如下：

```
#第12章/加载数据集
from datasets import load_from_disk
dataset = load_from_disk('./data/ChnSentiCorp')
dataset
```

运行结果如下：

```
DatasetDict({
    train: Dataset({
        features: ['text', 'label'],
        num_rows: 9600
    })
    validation: Dataset({
        features: ['text', 'label'],
        num_rows: 0
    })
    test: Dataset({
        features: ['text', 'label'],
        num_rows: 1200
    })
})
```

3. 定义计算设备

定义本次任务中要使用的计算设备，代码如下：

```
#第12章/定义计算设备
device = 'cpu'
if torch.cuda.is_available():
    device = 'CUDA'
device
```

运行结果如下：

```
'CUDA'
```

4. 定义数据整理函数

在本章中使用的数据整理函数的代码如下：

```
#第12章/数据整理函数
def collate_fn(data):
    sents = [i['text'] for i in data]
    labels = [i['label'] for i in data]
    #编码
    data = token.batch_encode_plus(batch_text_or_text_pairs=sents,
                                truncation=True,
                                padding=True,
                                max_length=512,
                                return_tensors='pt')
    #转移到计算设备
    for k, v in data.items():
        data[k] = v.to(device)
    data['labels'] = torch.LongTensor(labels).to(device)
    return data
```

5. 定义数据集加载器

数据集加载器代码如下：

```
#第12章/数据集加载器
loader = torch.utils.data.DataLoader(dataset=dataset['train'],
                                batch_size=16,
                                collate_fn=collate_fn,
                                shuffle=True,
                                drop_last=True)
len(loader)
```

运行结果如下：

```
600
```

定义好了数据集加载器之后，可以查看一批数据样例，代码如下：

```
#第12章/查看数据样例
for i, data in enumerate(loader):
    break
for k, v in data.items():
    print(k, v.shape)
```

运行结果如下：

```
input_ids torch.Size([16, 235])
token_type_ids torch.Size([16, 235])
attention_mask torch.Size([16, 235])
labels torch.Size([16])
```

12.4.2 加载自动模型

针对文本分类任务，使用 HuggingFace 提供的 AutoModelForSequenceClassification 工具类加载自动模型，代码如下：

```
#第12章/加载预训练模型
from transformers import AutoModelForSequenceClassification
#加载模型
model = AutoModelForSequenceClassification.from_pretrained('bert-base-chinese',
                                                num_labels=2)
#设定计算设备
model.to(device)
#统计参数量
print(sum(i.numel() for i in model.parameters()) / 10000)
```

AutoModelForSequenceClassification 工具类有两个主要的参数，分别为要使用的 backbone 网络名称和分类的类别数量，在代码的最后输出了模型的参数量，运行结果如下：

```
10226.9186
```

可见 bert-base-chinese 模型的参数量约为 1 亿个。

如前所述，在自动模型中其实依然是 backbone 网络，后续再接下游任务模型，可以通过输出模型本身查看模型的结构，代码如下：

```
model
```

运行结果如下：

```
BertForSequenceClassification(
  (bert): BertModel(
    ...
```

```
)
    (DropOut): DropOut(p=0.1, inplace=False)
    (classifier): Linear(in_features=768, out_features=2, bias=True)
)
```

由于输出的内容很长，此处省略了 backbone 网络的内部细节，可以看到自动模型的内部使用的 backbone 网络是 BERT 模型，另外还有 DropOut 层和 Linear 层，很显然其中的 Linear 层是用来做二分类的。

加载好模型后，可以进行一次试算，观察模型的输入和输出，代码如下：

```
#模型试算
out = model(**data)
out['loss'], out['logits'].shape
```

运行结果如下：

```
(tensor(0.7723, grad_fn=<NllLossBackward0>), torch.Size([16, 2]))
```

可以看到输出的内容包括 loss 和分类的结果，其中 loss 只有在入参中包括 labels 时才会有值，显然模型需要有 labels 才能计算 loss。如果读者去翻看自动模型的内部代码，则可以发现，自动模型计算的是交叉熵损失。

12.4.3 训练和测试

1. 训练

由于本章使用的是自动模型，所以我们跳过了定义下游任务模型的步骤，现在可以训练模型了，代码如下：

```
#第12章/训练
from transformers import AdamW
from transformers.optimization import get_scheduler
def train():
    #定义优化器
    optimizer = AdamW(model.parameters(), lr=5e-4)
    #定义学习率调节器
    scheduler = get_scheduler(name='linear',
                          num_warmup_steps=0,
                          num_training_steps=len(loader),
                          optimizer=optimizer)
    #将模型切换到训练模式
    model.train()
    #按批次遍历训练集中的数据
    for i, data in enumerate(loader):
        #模型计算
        out = model(**data)
```

```
#计算loss并使用梯度下降法优化模型参数
out['loss'].backward()
optimizer.step()
scheduler.step()
optimizer.zero_grad()
model.zero_grad()
#输出各项数据的情况，便于观察
if i % 10 == 0:
    out = out['logits'].argmax(dim=1)
    accuracy = (out == labels).sum().item() / len(labels)
    lr = optimizer.state_dict()['param_groups'][0]['lr']
    print(i, loss.item(), lr, accuracy)
train()
```

由于自动模型自身包括计算 loss 的功能，所以在训练函数中不需要手动计算 loss，直接使用自动模型计算出来的 loss 执行梯度下降即可，十分方便。

训练过程的输出见表 12-2。

表 12-2 训练过程的输出

epochs	steps	loss	lr	accuracy	epochs	steps	loss	lr	accuracy
0	0	10.02245	0.00050	0.00000	1	350	2.75063	0.00034	0.62500
0	50	8.73752	0.00049	0.18750	1	400	3.60000	0.00033	0.56250
0	100	7.15378	0.00048	0.25000	1	450	2.45644	0.00032	0.68750
0	150	6.03680	0.00047	0.25000	1	500	2.78668	0.00031	0.56250
0	200	6.47591	0.00047	0.06250	1	550	3.41117	0.00031	0.56250
0	250	3.80031	0.00046	0.43750	2	0	3.25477	0.00030	0.56250
0	300	7.02366	0.00045	0.25000	2	50	2.01454	0.00029	0.75000
0	350	5.19493	0.00044	0.31250	2	100	2.37261	0.00028	0.56250
0	400	5.88471	0.00043	0.31250	2	150	1.84013	0.00027	0.75000
0	450	4.16820	0.00042	0.43750	2	200	3.04104	0.00027	0.43750
0	500	6.24073	0.00041	0.37500	2	250	2.98019	0.00026	0.31250
0	550	4.36336	0.00041	0.37500	2	300	2.78399	0.00025	0.37500
1	0	3.57495	0.00040	0.37500	2	350	3.12790	0.00024	0.43750
1	50	4.21926	0.00039	0.37500	2	400	3.32452	0.00023	0.56250
1	100	3.14970	0.00038	0.62500	2	450	3.73159	0.00022	0.50000
1	150	3.07671	0.00037	0.37500	2	500	2.30659	0.00021	0.68750
1	200	3.61376	0.00037	0.56250	2	550	3.20079	0.00021	0.37500
1	250	3.38870	0.00036	0.50000	3	0	4.25911	0.00020	0.43750
1	300	5.34837	0.00035	0.43750	3	50	2.65927	0.00019	0.75000

续表

epochs	steps	loss	lr	accuracy	epochs	steps	loss	lr	accuracy
3	100	2.20593	0.00018	0.75000	4	50	2.59006	0.00009	0.43750
3	150	2.55697	0.00017	0.68750	4	100	2.21236	0.00008	0.68750
3	200	1.96937	0.00017	0.87500	4	150	3.92921	0.00007	0.43750
3	250	1.30773	0.00016	0.93750	4	200	1.77267	0.00007	0.75000
3	300	1.97550	0.00015	0.68750	4	250	2.40243	0.00006	0.56250
3	350	2.63103	0.00014	0.50000	4	300	2.84725	0.00005	0.62500
3	400	2.68644	0.00013	0.75000	4	350	2.03722	0.00004	0.81250
3	450	2.83742	0.00012	0.62500	4	400	2.57511	0.00003	0.62500
3	500	2.51999	0.00011	0.75000	4	450	1.93760	0.00002	0.75000
3	550	2.21308	0.00011	0.68750	4	500	2.04699	0.00001	0.68750
4	0	3.36912	0.00010	0.62500	4	550	2.00543	0.00001	0.81250

从表 12-2 可以看出，模型的预测正确率在缓慢上升，并且能够观察到 loss 随着训练的进程在不断地下降，学习率也如预期在缓慢地下降。

2. 测试

最后，对训练好的模型进行测试，以验证训练的有效性，代码如下：

```
#第12章/测试
def test():
    #定义测试数据集加载器
    loader_test = torch.utils.data.DataLoader(dataset=Dataset('test'),
                                              batch_size=32,
                                              collate_fn=collate_fn,
                                              shuffle=True,
                                              drop_last=True)

    #将下游任务模型切换到运行模式
    model.eval()
    correct = 0
    total = 0
    #按批次遍历测试集中的数据
    for i, (data) in enumerate(loader_test):
        #计算5个批次即可，不需要全部遍历
        if i == 5:
            break
        print(i)
        #计算
        with torch.no_grad():
            out = model(**data)
        #统计正确率
```

```
        out = out['logits'].argmax(dim=1)
        correct += (out == labels).sum().item()
        total += len(labels)
    print(correct / total)
test()
```

运行结果如下：

```
0.89375
```

最终模型取得了约89.4%正确率的成绩。

12.5 深入自动模型源代码

看完以上的例子，也许有的读者会对自动模型内部的实现感兴趣，这里简要介绍 HuggingFace内部的代码运行流程，以大致了解使用自动模型时 HuggingFace 是如何实现的。

1. 加载配置文件过程

首先来看加载配置文件的过程，代码如下：

```
#第12章/加载预训练模型
from transformers import AutoModelForSequenceClassification
#加载模型
model = AutoModelForSequenceClassification.from_pretrained('bert-base-chinese',
num_labels=2)
```

当执行这段代码时，调用了 transformers/models/auto/auto_factory.py 文件中的 _BaseAutoModelClass 类的 from_pretrained()函数。进入该函数后，首先根据模型的名字，在线加载了该模型的配置文件，关键代码如下：

```
config, kwargs = AutoConfig.from_pretrained(
    pretrained_model_name_or_path,
    return_unused_kwargs=True,
    trust_remote_code=trust_remote_code,
    **kwargs)
```

返回结果中的 kwargs 不重要，需要重点关注 config 对象，如果打印该对象，则内容如下：

```
BertConfig {
  "_name_or_path": "bert-base-chinese",
  "architectures": [
    "BertForMaskedLM"
  ],
  "attention_probs_DropOut_prob": 0.1,
  "classifier_DropOut": null,
```

```
    "directionality": "bidi",
    "hidden_act": "gelu",
    "hidden_DropOut_prob": 0.1,
    "hidden_size": 768,
    "initializer_range": 0.02,
    "intermediate_size": 3072,
    "layer_norm_eps": 1e-12,
    "max_position_embeddings": 512,
    "model_type": "bert",
    "num_attention_heads": 12,
    "num_hidden_layers": 12,
    "pad_token_id": 0,
    "pooler_fc_size": 768,
    "pooler_num_attention_heads": 12,
    "pooler_num_fc_layers": 3,
    "pooler_size_per_head": 128,
    "pooler_type": "first_token_transform",
    "position_embedding_type": "absolute",
    "transformers_version": "4.18.0",
    "type_vocab_size": 2,
    "use_cache": true,
    "vocab_size": 21128
}
```

从该对象可以看出，该对象内部存储了初始化模型时所需要的所有参数，主要参数如下。

（1）_name_or_path=bert-base-chinese：定义了模型的名字，也就是 checkpoint。

（2）attention_probs_DropOut_prob=0.1：注意力层 DropOut 的比例。

（3）hidden_act=gelu：隐藏层的激活函数。

（4）hidden_DropOut_prob=0.1：隐藏层 DropOut 的比例。

（5）hidden_size=768：隐藏层神经元的数量。

（6）layer_norm_eps=1e-12：标准化层的 eps 参数。

（7）max_position_embeddings=512：句子的最大长度。

（8）model_type=bert：模型类型。

（9）num_attention_heads=12：注意力层的头数量。

（10）num_hidden_layers=12：隐藏层层数。

（11）pad_token_id=0：PAD 的编号。

（12）pooler_fc_size=768：池化层的神经元数量。

（13）pooler_num_attention_heads=12：池化层的注意力头数。

（14）pooler_num_fc_layers=3：池化层的全连接神经网络层数。

（15）vocab_size=21128：字典的大小。

2. 深入加载配置文件过程

有些读者可能会对该配置文件的加载过程感兴趣，HuggingFace 是如何根据一个模型的名字加载到它对应的配置文件的呢？

如果继续深入该函数，则可以追踪到 transformers/configuration_utils.py 文件中的 PretrainedConfig 类的_get_config_dict()函数，该函数中的关键代码如下：

```
config_file = hf_bucket_url(pretrained_model_name_or_path,
                            filename=configuration_file,
                            revision=revision, mirror=None)
```

在这段代码中，调用了 hf_bucket_url()函数，入参中的 pretrained_model_name_or_path 即为模型的名字，configuration_file 的值等于 config.json。

hf_bucket_url()函数做的事情很简单，使用了一个字符串模板，把模型的名字和 configuration_file 的值填入，获得配置文件的 http 地址，关键代码如下：

```
return HUGGINGFACE_CO_PREFIX.format(model_id=model_id, revision=revision,
filename=filename)
```

这段代码中的 HUGGINGFACE_CO_PREFIX 为常量，值为 https://huggingface.co/{model_id}/resolve/{reversion}/{filename}。很显然，这是一个字符串模板，只要把其中的 model_id、reversion、filename 替换即可获得配置文件的 http 地址。

model_id 即模型的名字，reversion 的值没有定义，默认使用 main，filename 的值为 config.json，所以全部替换完成后的配置文件的 http 地址为 https://huggingface.co/bert-base-chinese/resolve/main/config.json，如果在浏览器中访问该地址，则可得到配置文件的内容，如图 12-2 所示。

至此，对于配置文件的加载过程，相信读者已经理解，把模型的名字填入一个 http 地址模板中，即可获得配置文件的 http 加载地址。

按照这个理论，把模板中的模型名字替换为其他的模型名字，即可加载其他模型的配置文件。使用模型roberta-base实验一次，模板替换后的访问地址为https://huggingface.co/roberta-base/resolve/main/config.json。在浏览器中访问的结果如图 12-3 所示。

从图 12-3 可以看出，访问结果成功地加载了 roberta-base 模型的配置文件。

3. 初始化模型过程

加载完配置文件，下一步就是根据配置文件初始化模型了，这一步的关键代码依然在 transformers/models/auto/auto_factory.py 文件的_BaseAutoModelClass 类的 from_pretrained()函数中。在加载完配置文件得到 config 对象后，使用该对象初始化了模型，关键代码如下：

```
model_class = _get_model_class(config, cls._model_mapping)
return model_class.from_pretrained(pretrained_model_name_or_path,
*model_args, config=config, **kwargs)
```

菜单 ● https://huggingface.co/b ✕ +

< > C 88 🔒 huggingface.co/bert-base-chinese/resolve/main/config.json

```json
{
  "architectures": [
    "BertForMaskedLM"
  ],
  "attention_probs_dropout_prob": 0.1,
  "directionality": "bidi",
  "hidden_act": "gelu",
  "hidden_dropout_prob": 0.1,
  "hidden_size": 768,
  "initializer_range": 0.02,
  "intermediate_size": 3072,
  "layer_norm_eps": 1e-12,
  "max_position_embeddings": 512,
  "model_type": "bert",
  "num_attention_heads": 12,
  "num_hidden_layers": 12,
  "pad_token_id": 0,
  "pooler_fc_size": 768,
  "pooler_num_attention_heads": 12,
  "pooler_num_fc_layers": 3,
  "pooler_size_per_head": 128,
  "pooler_type": "first_token_transform",
  "type_vocab_size": 2,
  "vocab_size": 21128
}
```

图 12-2 访问配置文件 http 地址的结果

< > C 88 🔒 huggingface.co/roberta-base/resolve/main/config.json

```json
{
  "architectures": [
    "RobertaForMaskedLM"
  ],
  "attention_probs_dropout_prob": 0.1,
  "bos_token_id": 0,
  "eos_token_id": 2,
  "hidden_act": "gelu",
  "hidden_dropout_prob": 0.1,
  "hidden_size": 768,
  "initializer_range": 0.02,
  "intermediate_size": 3072,
  "layer_norm_eps": 1e-05,
  "max_position_embeddings": 514,
  "model_type": "roberta",
  "num_attention_heads": 12,
  "num_hidden_layers": 12,
  "pad_token_id": 1,
  "type_vocab_size": 1,
  "vocab_size": 50265
}
```

图 12-3 访问 roberta-base 模型的配置文件

执行这段代码中的第 1 行后，获得变量 model_class，它的值等于<class 'transformers. models.bert.modeling_bert.BertForSequenceClassification'>，这就是要初始化的模型类，下一步调用了该模型的 from_pretrained 函数，并把模型的名字传入，跟踪该步可以到达 transformers/models/bert/modeling_bert.py 文件的 BertForSequenceClassification 类的 __init__() 函数。该类继承自 PyTorch 的模型对象，所以它也是一个 PyTorch 模型。

__init__()函数中的关键代码如下：

```
self.num_labels = config.num_labels
self.config = config
self.bert = BertModel(config)
classifier_DropOut = (
    config.classifier_DropOut if config.classifier_DropOut is not None else
config.hidden_DropOut_prob
)
self.DropOut = nn.DropOut(classifier_DropOut)
self.classifier = nn.Linear(config.hidden_size, config.num_labels)
```

从这段代码可以看出，该模型中包括一个 BERT 模型和一个全连接神经网络。很显然该模型的计算过程就是使用 BERT 模型抽取文本的特征向量，再把特征向量输入全连接神经网络进行分类计算。

以上推测可以通过阅读该模型的 forward()函数进行验证，关键代码如下：

```
outputs = self.bert(
    input_ids,
    attention_mask=attention_mask,
    token_type_ids=token_type_ids,
    position_ids=position_ids,
    head_mask=head_mask,
    inputs_embeds=inputs_embeds,
    output_attentions=output_attentions,
    output_hidden_states=output_hidden_states,
    return_dict=return_dict,
)
pooled_output = outputs[1]
pooled_output = self.DropOut(pooled_output)
logits = self.classifier(pooled_output)
```

在这段代码中，首先使用 BERT 模型抽取了文本的特征向量，再在特征向量上计算 DropOut 和分类，这和之前预想的计算过程完全一致。

HuggingFace 的模型还有计算 loss 的功能，loss 的计算同样是在 forward()函数中，计算 loss 的关键代码如下：

```
loss_fct = CrossEntropyLoss()
```

```
loss = loss_fct(logits.view(-1, self.num_labels), labels.view(-1))
```

可以看到，在文本分类任务中比较简单，计算 CrossEntropyLoss 即可。

4. 加载预训练参数

至此，模型初始化完毕了，但是此时的模型还只是一个框架而已，没有加载预训练参数，模型中所有的参数还没有被训练，接下来就要加载预训练参数，填入模型中。

这项工作是在 transformers/modeling_utils.py 文件的 PreTrainedModel 类的 from_pretrained()函数中完成的，关键代码如下：

```
archive_file = hf_bucket_url(
    pretrained_model_name_or_path,
    filename=filename,
    revision=revision,
    mirror=mirror,
)
```

函数 hf_bucket_url()在之前加载模型配置时已经介绍了，它的功能是对 http 模板中的各个占位符进行替换，得到可访问的 http 地址。上次调用该函数是要获得模型配置文件的访问地址，而这次是要获得模型参数文件的访问地址。

参数中的 pretrained_model_name_or_path 很显然就是模型的名字，如果 filename 的值等于 PyTorch_model.bin 且 revision 的值等于 None，则在替换时默认使用 main。

执行完成后便可得到模型配置文件的访问地址 https://huggingface.co/bert-base-chinese/resolve/main/PyTorch_model.bin。

由于模型的参数文件往往比较大，如果每次都在线加载，则比较浪费资源，所以在首次加载后会被缓存在本地磁盘，并且在加载该在线文件前会先检查本地缓存，如果之前已经被缓存，则使用本地缓存即可，不需要再次在线加载，以节约资源；反之，如果没有缓存，则需要在线加载参数文件，并缓存到本地磁盘。执行该过程的关键代码如下：

```
resolved_archive_file = cached_path(
    archive_file,
    cache_dir=cache_dir,
    force_download=force_download,
    proxies=proxies,
    resume_download=resume_download,
    local_files_only=local_files_only,
    use_auth_token=use_auth_token,
    user_agent=user_agent,
)
```

执行该函数，可能会使用本地缓存或在线加载参数文件，无论是哪种情况，执行完成后，都会得到本地的缓存路径，值为/root/.cache/huggingface/transformers/58592490276d9ed1e8e33f3c12caf23000c22973cb2b3218c641bd74547a1889.fabda197bfe5d6a318c2833172d6757ccc7e4

9f692cb949a6fabf560cee81508。

这是一个本地的磁盘路径，接下来就可以加载该文件中的参数了，关键代码如下：

```
state_dict = load_state_dict(resolved_archive_file)
```

这里使用了之前得到的缓存路径，加载为 PyTorch 的配置文件，接下来需要把参数文件填入模型中，关键代码如下：

```
model, missing_keys, unexpected_keys, mismatched_keys, error_msgs = cls.
_load_pretrained_model(
    model,
    state_dict,
    resolved_archive_file,
    pretrained_model_name_or_path,
    ignore_mismatched_sizes=ignore_mismatched_sizes,
    sharded_metadata=sharded_metadata,
    _fast_init=_fast_init,
)
```

至此，就得到了一个填好了预训练参数的模型，它使用一个 BERT 模型作为 backbone，并添加了一个全连接神经网络作为下游任务模型，能够完成文本的分类任务。

12.6　小结

本章通过一个文本分类的例子演示了 HuggingFace 自动模型的使用方法，使用 HuggingFace 自动模型不需要手动计算 loss，也不需要手动定义下游任务模型，使用起来十分方便。对于进阶读者，还可以通过阅读自动模型的代码了解 HuggingFace 是如何实现不同任务的下游任务模型的，进而提高自身的建模能力。

预训练模型底层原理篇

第13章

手动实现 Transformer

13.1 Transformer 架构

完成了上面的实验,有些读者可能会对 BERT 的内部是如何计算的感兴趣,为什么BERT 能够很好地抽取文本特征呢？要讲清楚 BERT 的工作原理，需要先理解 BERT 的前身 Transformer。BERT 模型的构建使用了 Transformer 的部分组件，如果理解了 Transformer，则能很轻松地理解 BERT。所以在本章中，将讲解 Transformer 模型的设计思路和计算方法。

Transformer 最初的设想是作为文本翻译模型使用的，在本章中将延续它设计的初衷，将使用 Transformer 实现一个简单的翻译任务。

在正式开始本章的任务之前，先从架构层面看一看 Transformer 的设计思路。让我们从图 13-1 开始。

图 13-1 黑盒结构

当我们对 Transformer 一无所知时，我们不理解它内部的计算过程，它对我们来讲是个黑盒结构，我们输入一句话，它会输出一句话，而输入和输出之间刚好形成了原文和译文的关系，如图 13-2 所示，这就是广义上的翻译任务。

现在把 Transformer 这个黑盒打开一点点，会看到它内部有一个编码器和一个解码器，很显然，编码器负责读取原文，从原文中抽取特征后交给解码器生成译文。

现在把编码器和解码器都再打开一点点，看一看它们的内部构造，如图 13-3 所示。

从图 13-3 可以看出，编码器和解码器的内部都是多层结构，图中画出的是 3 层，实际情况中可能多于这个数字。编码器在计算时，多层编码器是前后串行的结构，最后一层抽取的文本特征作为最终的文本特征。解码器同样是前后串行的结构，每次的计算输入除了前一层的计算输出，还包括了编码器抽取的文本特征。

如果要把上面的计算过程类比成人类思考的过程，则可以设想这样一个场景，一个人看到了一句中文，他的任务是把这句中文翻译成英文，他大体上需要分两步来完成这项任务，

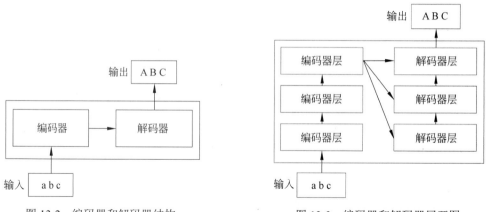

图 13-2　编码器和解码器结构　　　　　　图 13-3　编码器和解码器展开图

首先需要把中文读到大脑中，读的过程往往不是一次完成的，人类在做这件事情时往往依靠潜意识，所以很难意识到读的过程需要很多次，同样一句话，第 1 次读和第 2 次读往往有不同的感觉，这就相当于 Transformer 中的多层编码器。在读取文本后，人类需要组织语言把这句话翻译成英文，翻译的过程同样需要多次"改稿"，最终人类在大脑中完成翻译工作，组织了一句满意的译文，相当于 Transformer 中的多层解码器。

现在更加深入一点点，打开每层编码器和解码器，看一看它们的内部构造，如图 13-4 所示。

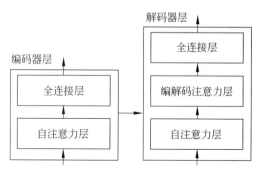

图 13-4　编码器和解码器的内部结构

从图 13-4 中可以看出，编码器层的计算包括两步，分别是自注意力层计算和全连接层计算。再看一看解码器层的计算，会发现解码器层的计算和编码器层的计算过程很相似，只是多了一层，即编解码注意力层计算，这些层的计算过程我们稍后都会详细讲解。

13.2　注意力

13.2.1　为什么需要注意力

在讲解自注意力的计算过程之前，先介绍为什么需要自注意力，以及自注意力的计算起什么作用。Transformer 的设计初衷是完成翻译任务，在翻译任务中，最重要的难点是找出词与词之间的对应关系，如图 13-5 所示。

从图 13-5 可以看出，原文和译文之间的词有对应关系，需要注意的是图 13-5 仅为示意，并非真实的对应关系。事实上在真实的注意力计算中原文的所有词和译文的所有词是完全连接的，此处以原文中的一个词 fox 单独举例，如图 13-6 所示。

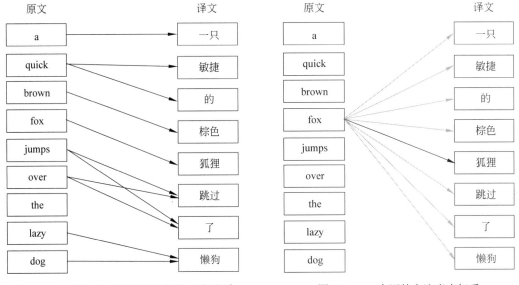

图 13-5　自注意力求词与词之间的对应关系　　　图 13-6　一个词的自注意力权重

从图 13-6 可以看出，原文中的 fox 是和译文中的所有词求注意力权重的，只是权重值有大有小，图中以连线的颜色深浅来体现，可以看到原文中的 fox 和译文中的"狐狸"注意力权重最大，这告诉了 Transformer 模型原文中的 fox 应该翻译为译文中的"狐狸"。

如果把原文中的所有词的注意力权重都计算出来，并且隐藏权重低的对应关系，就得到了图 13-5，有了这样的对应关系能帮助 Transformer 更好地捕捉到翻译任务中的词对应关系，进而提高翻译的质量。

13.2.2　注意力的计算过程

现在已经看过 Transformer 的内部结构了，大概知道了 Transformer 的计算过程，但是还不理解什么是自注意力的计算。为了讲解清楚自注意力的计算过程，设想一下，现在有一句话，这句话中有两个词，分别是 a 和 b，为了便于后续的计算，这句话已经被分词且转换成了向量形式，如图 13-7 所示。

按照 Transformer 的计算过程，要翻译这句话首先要把这句话输入第 1 层编码器进行计算，而第 1 层编码器的第 1 步计算就是要对这句话计算自注意力。

在计算自注意力之前，首先需要对这两个词的向量进行投影，如何做到这一点呢？很简单，使用一个矩阵和词向量相乘即可，此处给这个矩阵起名为 WQ，意思是 Weight of Queries，如图 13-8 所示。

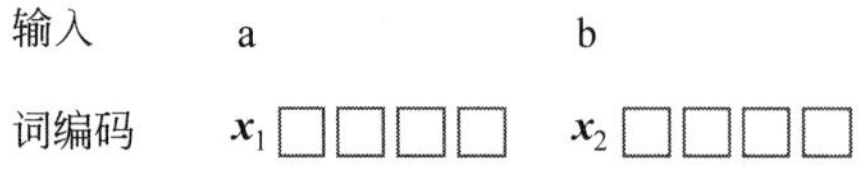

图 13-7 词向量形式的一句话 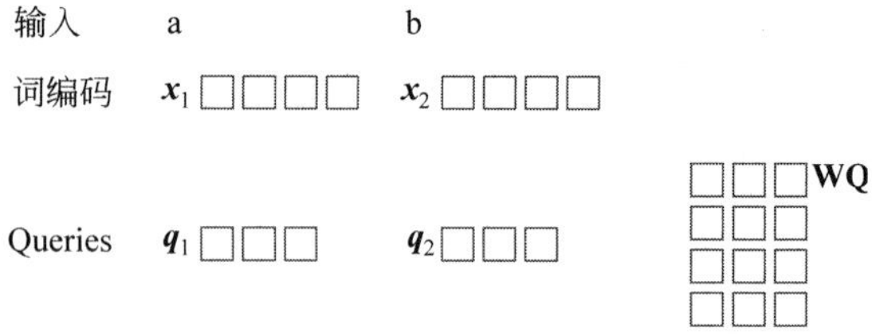　　图 13-8 使用 WQ 矩阵投影词向量得到 Queries 向量

从图 13-8 可以看出，词向量本身是 1×4 向量，**WQ** 矩阵的形状是 4×3，两者相乘之后等于 1×3 向量，即图中的 Queries。

与生成 Queries 的过程相同，如果再多两个矩阵，就可以再多生成两个词向量。此处把这两个矩阵分别称为 **WK**（Weight of Keys）和 **WV**（Weight of Values）。现在根据一组词向量，通过这 3 个矩阵，投影得到三组词向量，分别是 Queries、Keys、Values，后续将简称为 **Q**、**K**、**V**，如图 13-9 所示。

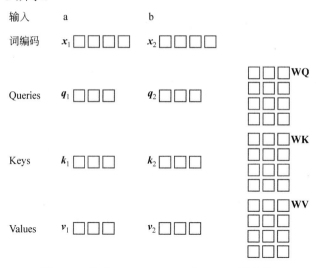

图 13-9 生成 Queries、Keys 和 Values 词向量

得到 **Q**、**K**、**V** 词向量以后，就可以开始计算自注意力了，计算过程如图 13-10 所示。

从图 13-10 可以看出，自注意力是按照每个词分别计算的，先来看 a 这个词的计算过程。

（1）当前词的 **Q** 和每个词的 **K** 相乘，在这个简单的例子当中只有两个词，意味着也只有两组 **Q**、**K**、**V**，所以此处要进行的计算有 $q_1 \times k_1 = 112$，$q_1 \times k_2 = 96$。计算的结果仅仅是示例。

（2）上一步的计算结果除以词向量编码维度的平方根，这里假设词向量编码的维度是 64，64 的平方根是 8，所以应该是 112÷8=14，96÷8=12。

（3）对上一步计算的结果再计算 Softmax，Softmax(14,12)=[0.88, 0.12]。

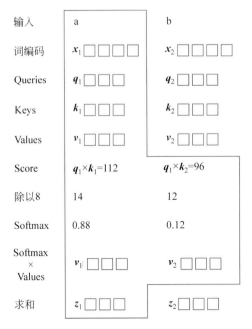

图 13-10　自注意力的计算过程

（4）上一步计算的结果和每个词的 *V* 相乘，所以应该是 $v_1=0.88 \times v_1$，$v_2=0.12 \times v_2$。

（5）上一步计算的结果求和，即为当前词的注意力分数，所以 a 这个词的注意力分数为 $z_1=v_1+v_2$。

以上描述的是词 a，针对词 b，计算的过程是一样的。

13.2.3　注意力计算的矩阵形式

从上面的描述可以看出，每个词的注意力分数的计算过程是相互独立的，词和词之间没有前后相互依赖性，所以可以并行计算，这也是 Transformer 抽取文本特征的效率高于 RNN 的原因。考虑到并行性这一点，可以把以上计算流程转换成矩阵计算，如图 13-11 所示。

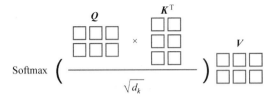

图 13-11　自注意力的矩阵计算形式

按照之前的描述，使用 **WQ**、**WK**、**WV** 三个矩阵把词向量投影，得到了 **Q**、**K**、**V** 词向量。再使用 **Q**、**K**、**V** 词向量计算得到一组注意力分数。

13.2.4 多头注意力

当只有一组 **WQ**、**WK**、**WV** 矩阵时，只能计算一组注意力分数，称为单头注意力。

现在设想一下，如果有多组 **WQ**、**WK**、**WV** 矩阵，就可以针对一句话计算多组注意力分数，称为多头注意力。

与单头注意力相比，多头注意力往往能抽取更丰富的文本特征信息。两者的对比如图 13-12 所示。

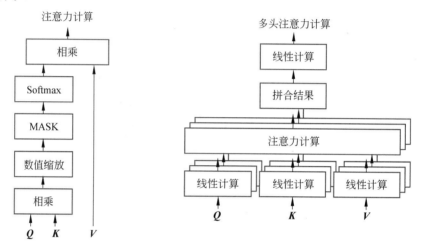

图 13-12　单头注意力对比多头注意力

现在看一个多头注意力的完整计算过程，如图 13-13 所示。

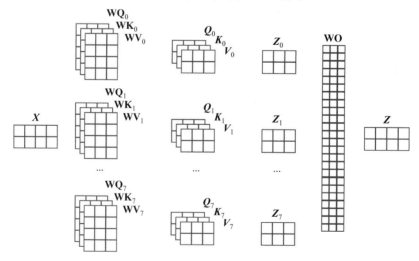

图 13-13　多头注意力的完整计算过程

从图 13-13 可以看出，多头注意力使用了多组 **WQ**、**WK**、**WV** 矩阵，投影得到了多组 **Q**、**K**、**V** 词向量，再计算出多组 **Z**。

此时出现了一个问题，如何把多组 **Z** 整合成一个注意力分数呢？自然的想法是把多个 **Z** 左右拼合在一起，但这会造成多头注意力的头数越多，**Z** 的数量越多，最后出现拼合得到的矩阵越"宽"的问题。

所以在多头注意力计算的最后，会使用一个"又高又窄"的矩阵和"又宽又扁"的 **Z** 矩阵相乘，得到"不胖不瘦"的 **Z** 矩阵，即最后的注意力分数矩阵。

13.3 位置编码

13.3.1 为什么需要位置编码

看完了上面的计算过程，相信仔细的读者已经发现了一个问题，之前提到 Transformer 当中每个词的注意力分数是单独计算的，不依赖其他的词，所以所有词的注意力分数可以并行计算，这提高了 Transformer 计算的效率，但是也造成了每个词出现在句子的任何位置，计算出来的注意力分数都一样的问题。为了更清晰地说明这个问题，通过一个例子来说明，如图 13-14 所示。

在图 13-14 中，两句话所使用的词语完全一样，只是组成句子的顺序不同，而且两句话的意思也一样，在这样的情况下两句话计算出相同的注意力分数是没有问题的，因为两句话的意思相同，可以使用同一组注意力分数来表示这两句话。这意味着这两句话的翻译结果将相同，但是在有些情况下交换词的顺序会导致一句话的意思改变，例如图 13-15 中的例子。

图 13-14 交换词序意思不变的句子   图 13-15 交换词序句子的意思改变

在如图 13-15 所示的例子中，两句话依然使用了完全同样的词，只是组成句子的顺序不同，和图 13-14 中的情况不同，这次两句话的意思由于词序的不同而改变了。此时两句话计算出同样的注意力分数将出现问题，显然这两句话不应该翻译出同样的译文。

综上所述，Transformer 不同于 RNN，在计算每个词的注意力分数时不考虑词的位置信息，所以需要在词的编码中加入位置信息，以让处于不同位置的词的编码有所不同，相互区分。

13.3.2 位置编码计算过程

为了做到这一点，Transformer 的做法是在词向量编码中加入一个位置编码的信息，如图 13-16 所示。

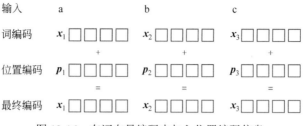

图 13-16　在词向量编码中加入位置编码信息

从图 13-16 可以看出，位置编码信息是一个形状和词向量编码一样的向量，最终的词向量编码等于原始的词向量和位置编码信息相加。

位置编码矩阵的计算公式如式(13-1)和式(13-2)所示。

$$PE_{pos,2i} = \sin\left(\frac{pos}{10000^{1i/d\_model}}\right) \tag{13-1}$$

$$PE_{pos,2i+1} = \cos\left(\frac{pos}{10000^{1i/d\_model}}\right) \tag{13-2}$$

式(13-1)和式(13-2)中的 pos 表示词的位置，i 表示词向量编码的位置，d_model 表示词向量编码的位置。

从式(13-1)和式(13-2)可以看出，位置编码矩阵的尺寸可以扩展到无穷大，结合实际来讲，位置编码矩阵的行数不能少于句子中词的数量，位置编码矩阵的列数应该等于词向量编码的维度，实际计算可参照图 13-17。

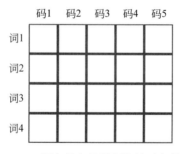

图 13-17　词向量和编码矩阵的对应关系

在图 13-17 中假设一句话有 4 个词，将每个词编码成 5 维的向量，则这句话的编码矩阵和图中所示相同，是一个 4×5 的矩阵，即每个词对应矩阵中的一行，每维度的词向量编码对应矩阵中的一列。相对应的位置编码矩阵也是同样的形状，两个矩阵的形状相同，可以执行相加操作，相加之后就是需要的最终编码矩阵了。

位置编码矩阵的偶数列使用式(13-1)计算，奇数列使用式(13-2)计算，如果把位置编码的光谱画出，则将如图 13-18 所示。

从图 13-18 可以看出，位置编码矩阵的每列都是一个周期函数，数值会从大变小，再从小变大，周期变化，并且越靠前的列震荡的周期越短，越往后的列震荡的周期越长，越趋向于稳定。

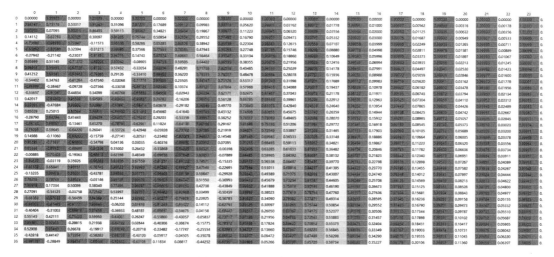

图 13-18　位置编码矩阵的光谱

位置编码矩阵在 Transformer 当中是一个常量，一次计算完成后，后续不会再有任何更新，所以位置编码矩阵本身并不是一个可学习的参数，这和 Transformer 的一些延伸模型相区别，例如在 BERT 和 GPT2 当中就把位置编码矩阵当作可学习的参数，会随着模型的训练而不断变化。

13.4　MASK

13.4.1　PAD MASK

在自然语言处理任务中，为了提高效率，往往成批地处理句子，要提高计算效率，就要把批次中的句子组合成矩阵进行计算，但是在一个批次中，句子往往有长有短，为了把长短不一的句子补充成同样的长度，就需要对短的句子补充 PAD，这些 PAD 本身没有任何意义，仅仅是为了让短的句子加长，以和批次中长的句子组合成矩阵，如图 13-19 所示。

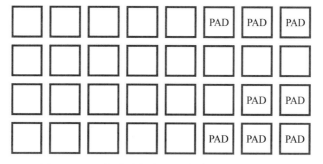

图 13-19　对批次中的句子补充 PAD，直到等长

在 Transformer 当中计算时，为了忽略这些没有意义的 PAD，就需要使用 MASK 遮挡这些 PAD，如果不这样做，模型则可能会花很多时间去研究 PAD 是什么，为了防止模型做这样的无用功，所以需要 PAD MASK，如图 13-20 所示。

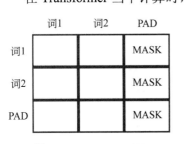

图 13-20　PAD MASK

在图 13-20 中，虚拟了两句话，这两句话在句尾各有 1 个 PAD，现在我们假设竖着的句子（列）为原文，横着的句子（行）为译文，在计算原文对译文的注意力分数时，对译文当中是 PAD 的词位置使用 MASK 遮罩，这意味着这些位置的注意力分数是 0。

也就是说，原文中的词 1、词 2、PAD 只会计算针对译文中的词 1、词 2 的注意力分数，而不会计算针对译文 PAD 的注意力。

13.4.2　上三角 MASK

除了 PAD MASK 之外，Transformer 当中还有一个上三角 MASK，如图 13-21 所示。

需要上三角 MASK 的原因是在 Transformer 的解码器中，需要根据当前词解码出下一个词，为了加速 Transformer 的训练，将会使用强制教学的方法，所以在解码阶段，会把正确的译文输入解码器中，解码器其实是在有正确答案的情况下做题的，如果解码器只是不断地照抄答案，则它能很轻易地取得极高的分数，但很显然它并没有学到任何知识，这会导致它在实际预测时的准确率极低，这显然并不是我们想要的。

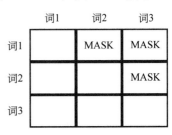

图 13-21　上三角 MASK

所以为了防止解码器照抄答案，需要使用上三角 MASK 对正确答案进行部分遮挡，这样解码器在预测第 2 个词时，只能看到第 1 个词的答案，第 1 个词以后的答案是不可见的，这强制了解码器必须自己预测第 2 个词的答案，在解码器给出了答案以后，再根据第 2 个词的答案预测第 3 个词，以此类推。

从上面的讲述能看出来，解码器是一个词一个词地依序预测的，后一个词的预测依赖于前一个词的预测结果，这导致解码的错误容易累计，在前一个词预测错误的情况下，后续所有的词都会预测错误，从而导致解码的训练效率太低，为了提高训练的效率，在解码器每预测一个词后，无论错误与否，都强制使用正确答案预测下一个词，这被称为强制教学。强制教学确保了解码器的错误不会累计，无论前一个词的预测是否正确，都能使用正确的词预测下一个词，从而提高解码器的训练效率。

图 13-21 演示的是译文中没有 PAD 的情况，如果译文中有 PAD，则还需要对上三角 MASK 叠加 PAD MASK，如图 13-22 所示。

	词1	词2	PAD
词1		MASK	MASK
词2			MASK
词3			MASK

图 13-22　上三角 MASK 叠加 PAD MASK

13.5　Transformer 计算流程

13.5.1　编码器

讲解完了上面 Transformer 当中的一些计算细节之后，现在来从整体上看一下 Transformer 的计算流程，首先看编码器的计算过程，如图 13-23 所示。

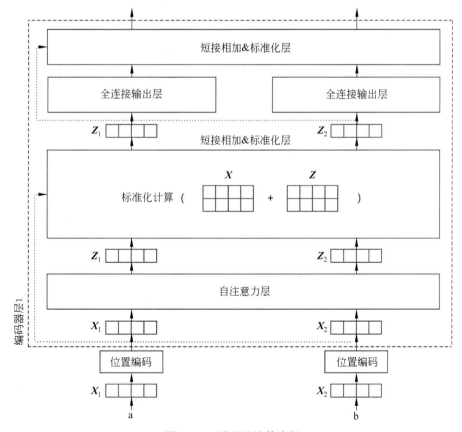

图 13-23　编码器计算流程

从图 13-23 可以看出，编码器的计算流程如下：

（1）文本编码成词向量之后和位置编码矩阵相加，得到最终编码向量 x_1、x_2。

（2）输入编码器后，计算每个词的自注意力分数，得到 z_1、z_2。

（3）注意力分数 z_1、z_2 和最终编码向量 x_1、x_2 相加，这一步的目的是做短接，防止梯度消失。

（4）短接之后的结果计算批量标准化，把数值稳定为均值 0，标准差为 1 的标准正态分布，计算得到的结果重新赋值为 z_1、z_2。

（5）对 z_1 和 z_2 分别计算线性输出。

（6）线性输出和 z_1、z_2 再次做短接，并再次做批量标准化后输出。

13.5.2　整体计算流程

以上是编码器的计算流程，接下来结合解码器看 Transformer 的整体计算流程，如图 13-24 所示。

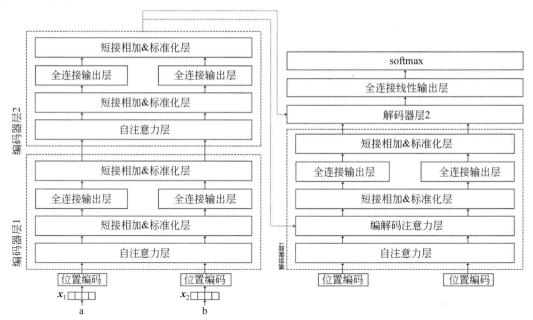

图 13-24　Transformer 整体计算流程

从图 13-24 可以看出，在 Transformer 中编码器往往是多层的，每层编码器之间是串行的关系，后一层编码器的输入是前一层编码器的输出，最后一层编码器的输出即为整体编码器的输出，将作为每层解码器的入参的一部分。

现在再看一下解码器的计算流程，解码器的计算流程和编码器很类似，只是多了一层编解码注意力层的计算，这一层也需要用到编码器输出的部分，这一层的计算细节此处不展开，稍后在代码中将会看得更加清楚。

　　和编码器一样，解码器同样有多层，每层之间是串行的关系，最后一层的输出再经过线性层的计算，最后使用 Softmax()函数激活，即为 Transformer 模型的最终输出。

13.5.3　解码器解码过程详细讲解

　　解码器的解码过程是一个词一个词地依序预测的，如图 13-25 所示。

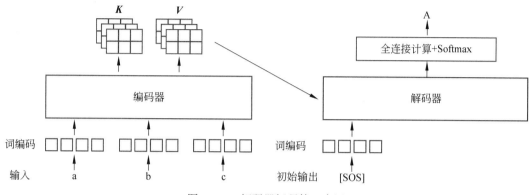

图 13-25　解码器解码第 2 个词

　　在图 13-25 中，编码器的计算已经完成，解码器需要根据编码器的计算结果解码译文，解码器的计算往往是从第 2 个词开始的，而不会从第 1 个词开始，因为第 1 个词往往是特殊符号，是一个常量。现在假设解码器的输入包括第 1 个词[SOS]和编码器的计算结果，解码器将解码出词 A。

　　下一步解码器要预测第 3 个词，解码器的输入将包括前两个词[SOS]和 A 及编码器的计算结果，解码器将解码出词 B，如图 13-26 所示。

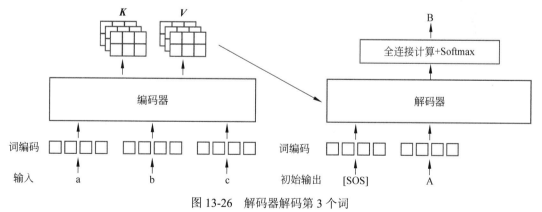

图 13-26　解码器解码第 3 个词

　　重复以上过程，直到解码完成，如图 13-27 所示。

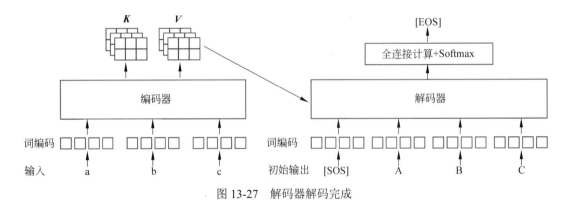

图 13-27　解码器解码完成

13.5.4　总体架构

最后给出谷歌官方的 Transformer 总体架构图，仅供参考，如图 13-28 所示。

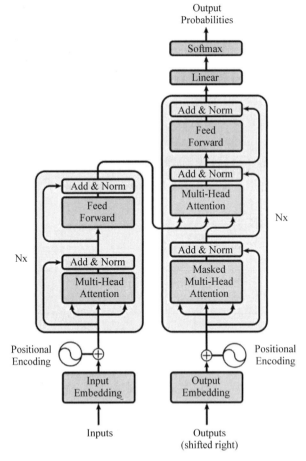

图 13-28　Transformer 总体架构

13.6　简单翻译任务

13.6.1　任务介绍

讲解完了以上理论知识，现在将手动实现一个 Transformer 模型，完成一个简单的翻译任务，以更直观地理解 Transformer 的计算过程。

考虑到自然语言的复杂性，而且本章的目标是要理解 Transformer 的计算过程，所以不会涉及太复杂的任务，而是完成一个尽量简单的任务，以更清晰地观察到 Transformer 的计算过程。

接下来介绍本次任务中原文和译文的生成策略，原文的生成策略如图 13-29 所示。

在本次任务中，原文的生成策略是从一个有限词表中按一定的概率随机采样，生成随机长度的原文。这并不是自然语言，但可以模拟一句自然语言而且足够简单，便于我们观察 Transformer 的计算过程。

译文的生成策略如图 13-30 所示。

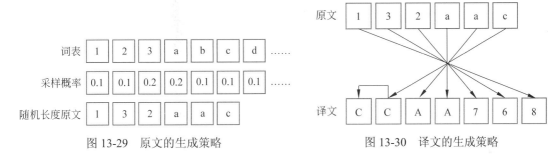

图 13-29　原文的生成策略　　　　图 13-30　译文的生成策略

出于简单起见，译文的生成策略也简单清晰，译文中第 1 个词双写，剩下的词和原文的词一一对应，如果是数字，则取 9 以内的互补数，如果是字母，则取大写，并且顺序是原文的整体逆序。首字母双写的目的一方面是为了增加对应复杂度，让这个任务不至于过分简单，另一方面是为了让译文比原文多一位，这会给后续的计算提供方便。

和大多数的 NLP 任务一样，在本次任务中也会对文本进行预处理，会对每一句文本添加首尾标识符，此外由于文本是随机长度的，所以文本是长短不一的，为了更方便地处理这些文本，我们会把文本都补充到固定的长度，如图 13-31 所示。

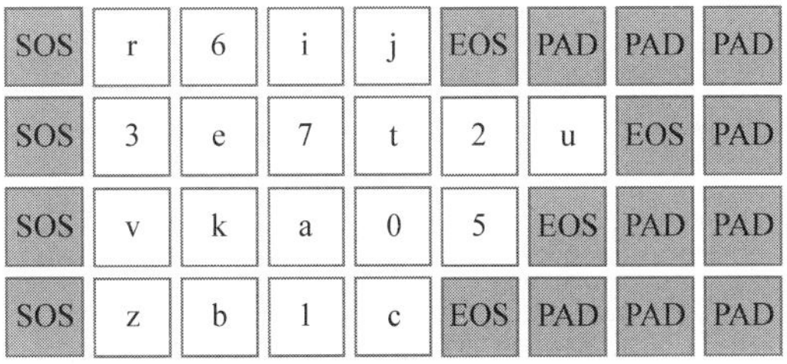

SOS	r	6	i	j	EOS	PAD	PAD	PAD
SOS	3	e	7	t	2	u	EOS	PAD
SOS	v	k	a	0	5	EOS	PAD	PAD
SOS	z	b	l	c	EOS	PAD	PAD	PAD

图 13-31　文本数据预处理

出了方便叙述，后将使用 x 和 y 表示原文和译文。

13.6.2　定义数据集

首先把本次任务要使用的字典定义出来，代码如下：

```
#第13章/定义字典
vocab_x = '<SOS>,<EOS>,<PAD>,0,1,2,3,4,5,6,7,8,9,q,w,e,r,t,y,u,i,o,p,a,s,d,
f,g,h, j,k,l,z,x,c,v,b,n,m'
vocab_x = {word: i for i, word in enumerate(vocab_x.split(','))}
vocab_xr = [k for k, v in vocab_x.items()]
vocab_y = {k.upper(): v for k, v in vocab_x.items()}
vocab_yr = [k for k, v in vocab_y.items()]
print('vocab_x=', vocab_x)
print('vocab_y=', vocab_y)
```

在这段代码中分别定义了 x 和 y 的字典，运行结果如下：

```
vocab_x= {'<SOS>': 0, '<EOS>': 1, '<PAD>': 2, '0': 3, '1': 4, '2': 5, '3':
6, '4': 7, '5': 8, '6': 9, '7': 10, '8': 11, '9': 12, 'q': 13, 'w': 14, 'e': 15,
'r': 16, 't': 17, 'y': 18, 'u': 19, 'i': 20, 'o': 21, 'p': 22, 'a': 23, 's': 24,
'd': 25, 'f': 26, 'g': 27, 'h': 28, 'j': 29, 'k': 30, 'l': 31, 'z': 32, 'x': 33,
'c': 34, 'v': 35, 'b': 36, 'n': 37, 'm': 38}
vocab_y= {'<SOS>': 0, '<EOS>': 1, '<PAD>': 2, '0': 3, '1': 4, '2': 5, '3':
6, '4': 7, '5': 8, '6': 9, '7': 10, '8': 11, '9': 12, 'Q': 13, 'W': 14, 'E': 15,
'R': 16, 'T': 17, 'Y': 18, 'U': 19, 'I': 20, 'O': 21, 'P': 22, 'A': 23, 'S': 24,
'D': 25, 'F': 26, 'G': 27, 'H': 28, 'J': 29, 'K': 30, 'L': 31, 'Z': 32, 'X': 33,
'C': 34, 'V': 35, 'B': 36, 'N': 37, 'M': 38}
```

vocab_x 和 vocab_y 分别代表了 x 和 y 的字典，字典内容就是简单的每个词和某个数字的对应关系，包括特殊符号。为了方便以后打印预测结果，还构建了两个逆字典，也就是通过数字找到对应的原文。

接下来定义生成数据的函数，代码如下：

```
#第13章/定义生成数据的函数
import random
import numpy as np
import torch
def get_data():
    #定义词集合
    words = [
        '0', '1', '2', '3', '4', '5', '6', '7', '8', '9', 'q', 'w', 'e', 'r',
        't', 'y', 'u', 'i', 'o', 'p', 'a', 's', 'd', 'f', 'g', 'h', 'j', 'k',
        'l', 'z', 'x', 'c', 'v', 'b', 'n', 'm'
    ]
```

```
        #定义每个词被选中的概率
        p = np.array([
            1, 2, 3, 4, 5, 6, 7, 8, 9, 10, 1, 2, 3, 4, 5, 6, 7, 8, 9, 10, 11, 12,
            13, 14, 15, 16, 17, 18, 19, 20, 21, 22, 23, 24, 25, 26
        ])
        p = p / p.sum()
        #随机选 n 个词
        n = random.randint(30, 48)
        x = np.random.choice(words, size=n, replace=True, p=p)
        #采样的结果就是 x
        x = x.tolist()
        #y 是由对 x 的变换得到的
        #字母大写, 数字取 9 以内的互补数
        def f(i):
            i = i.upper()
            if not i.isdigit():
                return i
            i = 9 - int(i)
            return str(i)
        y = [f(i) for i in x]
        #逆序
        y = y[::-1]
        #y 中的首字母双写
        y = [y[0]] + y
        #加上首尾符号
        x = ['<SOS>'] + x + ['<EOS>']
        y = ['<SOS>'] + y + ['<EOS>']
        #补 PAD, 直到固定长度
        x = x + ['<PAD>'] * 50
        y = y + ['<PAD>'] * 51
        x = x[:50]
        y = y[:51]
        #编码成数据
        x = [vocab_x[i] for i in x]
        y = [vocab_y[i] for i in y]
        #转 Tensor
        x = torch.LongTensor(x)
        y = torch.LongTensor(y)
        return x, y
get_data()
```

这个函数每调用一次就按照之前所说的策略生成一对 x、y, 运行结果如下:

```
(tensor([ 0, 38, 36, 35, 36, 30, 34,  5, 37, 34, 31, 38, 28, 35, 37, 38, 24,
```

```
      34, 28, 30, 35, 33, 27, 34, 25, 36, 12, 22, 37, 24, 26, 27, 31,  8,
      28, 19,24, 30, 27, 23, 24,  1,  2,  2,  2,  2,  2,  2,  2,  2]),
tensor([ 0, 24, 24, 23, 27, 30, 24, 19, 28,  7, 31, 27, 26, 24, 37, 22,  3,
      36, 25, 34, 27, 33, 35, 30, 28, 34, 24, 38, 37, 35, 28, 38, 31, 34,
      37, 10, 34, 30, 36, 35, 36, 38,  1,  2,  2,  2,  2,  2,  2,  2,  2]))
```

现在来看一些 x 和 y 的例子，为了便于观察，已经反编码成了文字形式，见表 13-1。

表 13-1　数据样例

原文 1	<SOS>9bz6x9vxnljchmlvjpfbvmcvx9pficva<EOS><PAD><PAD><PAD><PAD><PAD><PAD><PAD><PAD><PAD><PAD><PAD><PAD><PAD><PAD><PAD>
译文 1	<SOS>AAVCIFP0XVCMVBFPJVLMHCJLNXV0X3ZB0<EOS><PAD><PAD><PAD><PAD><PAD><PAD><PAD><PAD><PAD><PAD><PAD><PAD><PAD><PAD><PAD>
原文 2	<SOS>m6xt2vynpv985vmfbdfzyjaohsjvggnmfk9k<EOS><PAD><PAD><PAD><PAD><PAD><PAD><PAD><PAD><PAD><PAD><PAD><PAD>
译文 2	<SOS>KK0KFMNGGVJSHOAJYZFDBFMV410VPNYV7TX3M<EOS><PAD><PAD><PAD><PAD><PAD><PAD><PAD><PAD><PAD><PAD><PAD>
原文 3	<SOS>kmmonnigg9koflalx5onadgxvd7okpn8h9shdcnn8gfugf6<EOS><PAD>
译文 3	<SOS>33FGUFG1NNCDHS0H1NPKO2DVXGDANO4XLALFOK0GGINNOMMK<EOS><PAD>
原文 4	<SOS>nm7nmm5gnbfvkly2lcbb6hjluzujv4nu1nsi8<EOS><PAD><PAD><PAD><PAD><PAD><PAD><PAD><PAD><PAD><PAD><PAD>
译文 4	<SOS>11ISN8UN5VJUZULJH3BBCL7YLKVFBNG4MMN2MN<EOS><PAD><PAD><PAD><PAD><PAD><PAD><PAD><PAD><PAD><PAD>
原文 5	<SOS>5ccjghvwfx8zd6bbfxpuccd3vgg7mkgn2kh56itidd<EOS><PAD><PAD><PAD><PAD><PAD><PAD>
译文 5	<SOS>DDDITI34HK7NGKM2GGV6DCCUPXFBB3DZ1XFWVHGJCC4<EOS><PAD><PAD><PAD><PAD><PAD>
原文 6	<SOS>xy9zppchmilvkpslhcxlbjp74uadz4xxhmmhkponk<EOS><PAD><PAD><PAD><PAD><PAD><PAD><PAD>
译文 6	<SOS>KKNOPKHMMHXX5ZDAU52PJBLXCHLSPKVLIMHCPPZ0YX<EOS><PAD><PAD><PAD><PAD><PAD>
原文 7	<SOS>kbcuzd8h5vpmkjzlteocvcsynl6ocmpfhvxd8nfcp<EOS><PAD><PAD><PAD><PAD><PAD><PAD><PAD>
译文 7	<SOS>PPCFN1DXVHFPMCO3LNYSCVCOETLZJKMPV4H1DZUCBK<EOS><PAD><PAD><PAD><PAD><PAD>
原文 8	<SOS>pcom4kohhjb6kz2vzvndbjn6mvnjmdoaxn80rim<EOS><PAD><PAD><PAD><PAD><PAD><PAD><PAD><PAD>
译文 8	<SOS>MMIR91NXAODMJNVM3NJBDNVZV7ZK3BJHHOK5MOCP<EOS><PAD><PAD><PAD><PAD><PAD><PAD>
原文 9	<SOS>zkmvjxdc7mbjbvfumvvzbbvtxppgzb9<EOS><PAD><PAD><PAD><PAD><PAD><PAD><PAD><PAD><PAD><PAD><PAD><PAD><PAD><PAD>

续表

译文9	\<SOS\>00BZGPPXTVBBZVVMUFVBJBM2CDXJVMKZ\<EOS\>\<PAD\>\<PAD\>\<PAD\>\<PAD\>\<PAD\>\<PAD\>\<PAD\>\<PAD\>\<PAD\>\<PAD\>\<PAD\>\<PAD\>\<PAD\>\<PAD\>\<PAD\>\<PAD\>\<PAD\>
原文10	\<SOS\>zbxlz3scd3lx8dg7pvbx5vkmv24c7cpfbqxln8hnnxqk\<EOS\>\<PAD\>\<PAD\>\<PAD\>\<PAD\>
译文10	\<SOS\>KKQXNNH1NLXQBFPC2C57VMKV4XBVP2GD1XL6DCS6ZLXBZ\<EOS\>\<PAD\>\<PAD\>\<PAD\>\<PAD\>

接下来可以定义数据集及数据集加载器，代码如下：

```
#第13章/定义数据集和加载器
#定义数据集
class Dataset(torch.utils.data.Dataset):
    def __init__(self):
        super(Dataset, self).__init__()
    def __len__(self):
        return 100000
    def __getitem__(self, i):
        return get_data()
#数据集加载器
loader = torch.utils.data.DataLoader(dataset=Dataset(),
                                     batch_size=8,
                                     drop_last=True,
                                     shuffle=True,
                                     collate_fn=None)
#查看数据样例
for i, (x, y) in enumerate(loader):
    break
x.shape, y.shape
```

在数据集中，数据的总量定义为10万条，事实上由于数据是随机生成的，其实数据有无穷多条，但PyTorch在定义数据集时需要有一个明确的数量，所以此处定义为10万条。每次获取数据时，就调用定义好的生成数据函数，生成一对x、y即可。

数据集加载器定义了每个批次中包括8对x和y。

在代码的最后获取了一批x、y，并输出了形状，运行结果如下：

```
(torch.Size([8, 50]), torch.Size([8, 51]))
```

可以观察到y的长度比x多一位，这是故意为之的设计，以便于后续的计算。

13.6.3　定义MASK函数

接下来定义两个MASK函数，先定义PAD MASK函数，代码如下：

```
#第13章/定义mask_pad函数
def mask_pad(data):
```

```
    #b句话，每句话50个词，这里是还没embed的
    #data = [b, 50]
    #判断每个词是不是<PAD>
    mask = data == vocab_x['<PAD>']
    #[b, 50] -> [b, 1, 1, 50]
    mask = mask.reshape(-1, 1, 1, 50)
    #在计算注意力时，计算50个词和50个词相互之间的注意力，所以是个50*50的矩阵
    #是PAD的列为True，意味着任何词对PAD的注意力都是0
    #但是PAD本身对其他词的注意力并不是0
    #所以是PAD的行不为True
    #复制n次
    #[b, 1, 1, 50] -> [b, 1, 50, 50]
    mask = mask.expand(-1, 1, 50, 50)
    return mask
mask_pad(x[:1])
```

运行结果如下：

```
tensor([[[[False, False, False, …, False,  True,  True],
          [False, False, False, …, False,  True,  True],
          [False, False, False, …, False,  True,  True],
          ...,
          [False, False, False, …, False,  True,  True],
          [False, False, False, …, False,  True,  True],
          [False, False, False, …, False,  True,  True]]]])
```

在这段代码中，根据输入的句子中的每个词是否是 PAD，选择是否 MASK 某一列，最终的输出形状是 b×1×50×50，其中 b 表示一个批次数据的数量，50 表示句子的词数量，在本次任务中，每个句子的长度都是固定的 50。

接下来定义上三角 MASK，代码如下：

```
#第13章/定义mask_tril函数
def mask_tril(data):
    #b句话，每句话50个词，这里是还没embed的
    #data = [b, 50]
    #50*50的矩阵表示每个词对其他词是否可见
    #上三角矩阵，不包括对角线，意味着对每个词而言它只能看到它自己和它之前的词，而看不到
    #之后的词
    #[1, 50, 50]
    """
    [[0, 1, 1, 1, 1],
     [0, 0, 1, 1, 1],
     [0, 0, 0, 1, 1],
     [0, 0, 0, 0, 1],
```

```
        [0, 0, 0, 0, 0]]"""
    tril = 1 - torch.tril(torch.ones(1, 50, 50, dtype=torch.long))
    #判断 y 当中每个词是不是 PAD，如果是 PAD，则不可见
    #[b, 50]
    mask = data == vocab_y['<PAD>']
    #变形+转型，为了之后的计算
    #[b, 1, 50]
    mask = mask.unsqueeze(1).long()
    #mask 和 tril 求并集
    #[b, 1, 50] + [1, 50, 50] -> [b, 50, 50]
    mask = mask + tril
    #转布尔型
    mask = mask > 0
    #转布尔型，增加一个维度，便于后续的计算
    mask = (mask == 1).unsqueeze(dim=1)
    return mask
mask_tril(x[:1])
```

运行结果如下：

```
tensor([[[[False, True, True, …, True, True, True],
          [False, False, True, …, True, True, True],
          [False, False, False, …, True, True, True],
          ...,
          [False, False, False, …, False, True, True],
          [False, False, False, …, False, True, True],
          [False, False, False, …, False, True, True]]]])
```

在这段代码中，首先生成了一个上三角 MASK，之后以输入文本中的每个词是否是 PAD
来生成 PAD MASK，最后把两个 MASK 合并。最终输出的形状和 PAD MASK 函数相同，
也是 b×1×50×50。

13.6.4 定义 Transformer 工具子层

接下来定义注意力计算层，代码如下：

```
#第13章/定义注意力计算函数
def attention(Q, K, V, mask):
    #b 句话，每句话 50 个词，每个词编码成 32 维向量，4 个头，每个头分到 8 维向量
    #Q、K、V = [b, 4, 50, 8]
    #[b, 4, 50, 8] * [b, 4, 8, 50] -> [b, 4, 50, 50]
    #Q、K 矩阵相乘，求每个词相对其他所有词的注意力
    score = torch.matmul(Q, K.permute(0, 1, 3, 2))
    #除以每个头维数的平方根，做数值缩放
    score /= 8**0.5
```

```
#mask 遮盖, mask 是 True 的地方都被替换成-inf,这样在计算 Softmax 时-inf 会被压缩到 0
#mask = [b, 1, 50, 50]
score = score.masked_fill_(mask, -float('inf'))
score = torch.Softmax(score, dim=-1)
#以注意力分数乘以 V 得到最终的注意力结果
#[b, 4, 50, 50] * [b, 4, 50, 8] -> [b, 4, 50, 8]
score = torch.matmul(score, V)
#每个头计算的结果合一
#[b, 4, 50, 8] -> [b, 50, 32]
score = score.permute(0, 2, 1, 3).reshape(-1, 50, 32)
return score
attention(torch.randn(8, 4, 50, 8), torch.randn(8, 4, 50, 8),
        torch.randn(8, 4, 50, 8), torch.zeros(8, 1, 50, 50)).shape
```

运行结果如下:

```
torch.Size([8, 50, 32])
```

该处的计算过程如本章开头部分所述,完全是理论部分的实现,只是把其中的部分数字替换成了实际情况中的数字。

需要注意的是,在该函数中计算的已经是多头注意力,为了计算简便,这里把多组 *Q*、*K*、*V* 组成了一个矩阵输入注意力函数中,再在函数中拆分成多组 *Q*、*K*、*V*,最后通过矩阵计算的形式计算多头注意力。

接下来要定义多头注意力计算层,在该层中需要使用批量标准化层,在 PyTorch 当中主要提供了两种批量标准化的网络层,分别是 BatchNorm 和 LayerNorm,其中 BatchNorm 按照处理的数据维度分为 BatchNorm1d、BatchNorm2d、BatchNorm3d。由于本次的任务是自然语言处理任务,属于一维的数据,所以应该使用 BatchNorm1d。

BatchNorm1d 和 LayerNorm 之间的区别,在于 BatchNorm1d 是取不同样本做标准化,而 LayerNorm 是取不同通道做标准化,可通过如下代码验证。

```
#第 13 章/BatchNorm1d 和 LayerNorm 的对比
#标准化之后, 均值是 0, 标准差是 1
#BN 是取不同样本做标准化
#LN 是取不同通道做标准化
#affine=True,elementwise_affine=True: 指定标准化后再计算一个线性映射
norm = torch.nn.BatchNorm1d(num_features=4, affine=True)
print(norm(torch.arange(32, dtype=torch.float32).reshape(2, 4, 4)))
norm = torch.nn.LayerNorm(normalized_shape=4, elementwise_affine=True)
print(norm(torch.arange(32, dtype=torch.float32).reshape(2, 4, 4)))
```

运行结果如下:

```
tensor([[[-1.1761, -1.0523, -0.9285, -0.8047],
        [-1.1761, -1.0523, -0.9285, -0.8047],
```

```
           [-1.1761, -1.0523, -0.9285, -0.8047],
           [-1.1761, -1.0523, -0.9285, -0.8047]],
          [[ 0.8047,  0.9285,  1.0523,  1.1761],
           [ 0.8047,  0.9285,  1.0523,  1.1761],
           [ 0.8047,  0.9285,  1.0523,  1.1761],
           [ 0.8047,  0.9285,  1.0523,  1.1761]]],
         grad_fn=<NativeBatchNormBackward0>)
tensor([[[-1.3416, -0.4472,  0.4472,  1.3416],
           [-1.3416, -0.4472,  0.4472,  1.3416],
           [-1.3416, -0.4472,  0.4472,  1.3416],
           [-1.3416, -0.4472,  0.4472,  1.3416]],
          [[-1.3416, -0.4472,  0.4472,  1.3416],
           [-1.3416, -0.4472,  0.4472,  1.3416],
           [-1.3416, -0.4472,  0.4472,  1.3416],
           [-1.3416, -0.4472,  0.4472,  1.3416]]],
         grad_fn=<NativeLayerNormBackward0>)
```

从结果很显然能够看出，两个标准化层的计算输出虽然都是标准的正态分布，但是 BatchNorm1d 计算后的数据两个样本的均值都不是 0，前一个样本的均值显然小于 0，后一个样本的均值显然大于 0。

相比较之下，LayerNorm 计算后的两个样本均值都在 0 附近，对于本次的任务而言，选择使用 LayerNorm 更适合。

明确了要使用的标准化层实现以后，接下来就可以定义多头注意力计算层了，代码如下：

```
#第13章/多头注意力计算层
class MultiHead(torch.nn.Module):
    def __init__(self):
        super().__init__()
        self.fc_Q = torch.nn.Linear(32, 32)
        self.fc_K = torch.nn.Linear(32, 32)
        self.fc_V = torch.nn.Linear(32, 32)
        self.out_fc = torch.nn.Linear(32, 32)
        self.norm = torch.nn.LayerNorm(normalized_shape=32,
                                 elementwise_affine=True)
        self.DropOut = torch.nn.DropOut(p=0.1)
    def forward(self, Q, K, V, mask):
        #b 句话，每句话 50 个词，每个词编码成 32 维向量
        #Q、K、V = [b, 50, 32]
        b = Q.shape[0]
        #保留下原始的 Q，后面要做短接用
        clone_Q = Q.clone()
        #标准化
        Q = self.norm(Q)
```

```
            K = self.norm(K)
            V = self.norm(V)
            #线性运算, 维度不变
            #[b, 50, 32] -> [b, 50, 32]
            K = self.fc_K(K)
            V = self.fc_V(V)
            Q = self.fc_Q(Q)
            #拆分成多个头
            #b句话, 每句话50个词, 每个词编码成32维向量, 4个头, 每个头分到8维向量
            #[b, 50, 32] -> [b, 4, 50, 8]
            Q = Q.reshape(b, 50, 4, 8).permute(0, 2, 1, 3)
            K = K.reshape(b, 50, 4, 8).permute(0, 2, 1, 3)
            V = V.reshape(b, 50, 4, 8).permute(0, 2, 1, 3)
            #计算注意力
            #[b, 4, 50, 8] -> [b, 50, 32]
            score = attention(Q, K, V, mask)
            #计算输出, 维度不变
            #[b, 50, 32] -> [b, 50, 32]
            score = self.DropOut(self.out_fc(score))
            #短接
            score = clone_Q + score
            return score
MultiHead()(torch.randn(8, 50, 32), torch.randn(8, 50, 32),
        torch.randn(8, 50, 32), torch.zeros(8, 1, 50, 50)).shape
```

运行结果如下:

```
torch.Size([8, 50, 32])
```

和理论部分一致，这里使用多组 WQ、WK、WV 矩阵对词向量进行投影，得到多组 Q、K、V 向量，只是为了便于计算，这里把多组 WQ、WK、WV 矩阵进行了合并，使用矩阵运算也能提高计算的效率。

在这段代码中，首先对词向量进行了标准化计算，这和论文的实现不一致，在 Transformer 原始论文中的计算顺序是先计算自注意力，再进行短接，然后进行标准化计算。此处把标准化的计算提前了，这样做的原因是因为经过了广泛的实验论证，从实际效果来看标准化前置能更好地保证数值的稳定性，能帮助模型更好地收敛，所以此处选择标准化前置的计算方法，这是一种对 Transformer 原有模型的改进。

接下来定义位置编码层，代码如下:

```
#第13章/定义位置编码层
import math
class PositionEmbedding(torch.nn.Module):
    def __init__(self):
```

```
        super().__init__()
        #pos 是第几个词，i 是第几个维度，d_model 是维度总数
        def get_pe(pos, i, d_model):
            d = 1e4**(i / d_model)
            pe = pos / d
            if i % 2 == 0:
                return math.sin(pe)
            return math.cos(pe)
        #初始化位置编码矩阵
        pe = torch.empty(50, 32)
        for i in range(50):
            for j in range(32):
                pe[i, j] = get_pe(i, j, 32)
        pe = pe.unsqueeze(0)
        #定义为不更新的常量
        self.register_buffer('pe', pe)
        #词编码层
        self.embed = torch.nn.Embedding(39, 32)
        #初始化参数
        self.embed.weight.data.normal_(0, 0.1)
    def forward(self, x):
        #[8, 50] -> [8, 50, 32]
        embed = self.embed(x)
        #词编码和位置编码相加
        #[8, 50, 32] + [1, 50, 32] -> [8, 50, 32]
        embed = embed + self.pe
        return embed
PositionEmbedding()(torch.ones(8, 50).long()).shape
```

运行结果如下：

```
torch.Size([8, 50, 32])
```

在这段代码中包括一个内嵌函数 get_pe()，这个函数的实现完全是式(13-1)和式(13-2)的实现，使用该函数计算出位置编码矩阵，位置编码矩阵的尺寸是 50×32，因为在本次任务中，文本的长度是 50 个词，每个词编码成 32 维的向量。

位置编码矩阵本身是一个不更新的常量，所以使用 register_buffer()函数定义为常量。

位置编码层的计算过程和理论保持一致，先把每个词编码成普通的词向量，再和位置编码矩阵相加作为最终的词向量编码。

接下来定义全连接输出层，代码如下：

```
#第13章/定义全连接输出层
class FullyConnectedOutput(torch.nn.Module):
    def __init__(self):
```

```
        super().__init__()
        self.fc = torch.nn.Sequential(
            torch.nn.Linear(in_features=32, out_features=64),
            torch.nn.Relu(),
            torch.nn.Linear(in_features=64, out_features=32),
            torch.nn.DropOut(p=0.1),
        )
        self.norm = torch.nn.LayerNorm(normalized_shape=32,
                                elementwise_affine=True)
    def forward(self, x):
        #保留下原始的x，后面要做短接用
        clone_x = x.clone()
        #标准化
        x = self.norm(x)
        #线性全连接运算
        #[b, 50, 32] -> [b, 50, 32]
        out = self.fc(x)
        #做短接
        out = clone_x + out
        return out
FullyConnectedOutput()(torch.randn(8, 50, 32)).shape
```

运行结果如下：

```
torch.Size([8, 50, 32])
```

这里同样使用了标准化层前置的计算方法。

13.6.5 定义 Transformer 模型

做完以上准备工作，现在可以定义编码器层和解码器层了。先看编码器，代码如下：

```
#第13章/定义编码器
#编码器层
class EncoderLayer(torch.nn.Module):
    def __init__(self):
        super().__init__()
        self.mh = MultiHead()
        self.fc = FullyConnectedOutput()
    def forward(self, x, mask):
        #计算自注意力，维度不变
        #[b, 50, 32] -> [b, 50, 32]
        score = self.mh(x, x, x, mask)
        #全连接输出，维度不变
        #[b, 50, 32] -> [b, 50, 32]
```

```
        out = self.fc(score)
        return out
#编码器
class Encoder(torch.nn.Module):
    def __init__(self):
        super().__init__()
        self.layer_1 = EncoderLayer()
        self.layer_2 = EncoderLayer()
        self.layer_3 = EncoderLayer()
    def forward(self, x, mask):
        x = self.layer_1(x, mask)
        x = self.layer_2(x, mask)
        x = self.layer_3(x, mask)
        return x
Encoder()(torch.randn(8, 50, 32), torch.ones(8, 1, 50, 50)).shape
```

运行结果如下：

```
torch.Size([8, 50, 32])
```

在这段代码中，定义了编码器层和编码器，编码器由 3 层编码器层组成，和理论部分一致，3 层编码器是前后串联的关系。

编码器层本身的计算是用 x 同时作为 Q、K、V 向量计算自注意力，计算得到的注意力分数再输入全连接输出层计算输出。

接下来看解码器的实现，代码如下：

```
#第13章/定义解码器
#解码器层
class DecoderLayer(torch.nn.Module):
    def __init__(self):
        super().__init__()
        self.mh1 = MultiHead()
        self.mh2 = MultiHead()
        self.fc = FullyConnectedOutput()
    def forward(self, x, y, mask_pad_x, mask_tril_y):
        #先计算y的自注意力，维度不变
        #[b, 50, 32] -> [b, 50, 32]
        y = self.mh1(y, y, y, mask_tril_y)
        #结合x和y的注意力计算，维度不变
        #[b, 50, 32],[b, 50, 32] -> [b, 50, 32]
        y = self.mh2(y, x, x, mask_pad_x)
        #全连接输出，维度不变
        #[b, 50, 32] -> [b, 50, 32]
        y = self.fc(y)
```

```
            return y
#解码器
class Decoder(torch.nn.Module):
    def __init__(self):
        super().__init__()
        self.layer_1 = DecoderLayer()
        self.layer_2 = DecoderLayer()
        self.layer_3 = DecoderLayer()
    def forward(self, x, y, mask_pad_x, mask_tril_y):
        y = self.layer_1(x, y, mask_pad_x, mask_tril_y)
        y = self.layer_2(x, y, mask_pad_x, mask_tril_y)
        y = self.layer_3(x, y, mask_pad_x, mask_tril_y)
        return y
Decoder()(torch.randn(8, 50, 32), torch.randn(8, 50, 32),
        torch.ones(8, 1, 50, 50), torch.ones(8, 1, 50, 50)).shape
```

运行结果如下：

```
torch.Size([8, 50, 32])
```

解码器和编码器的计算过程大致相同，第1步是以 y 同时作为 Q、K、V 向量计算自注意力。

接下来就是解码器和编码器计算的不同点，多了一层编解码注意力层的计算。这一层的计算也是多头注意力的计算，只是入参的 Q 向量替换成了上一步计算得到的 y 的自注意力分数，K 和 V 向量则是使用从编码器那里获得的 x 的注意力分数。

最后把编解码注意力层计算得到的注意力分数输入全连接输出层计算输出。

有了编码器和解码器就可以定义 Transformer 主模型了，代码如下：

```
#第13章/定义主模型
class Transformer(torch.nn.Module):
    def __init__(self):
        super().__init__()
        self.embed_x = PositionEmbedding()
        self.embed_y = PositionEmbedding()
        self.encoder = Encoder()
        self.decoder = Decoder()
        self.fc_out = torch.nn.Linear(32, 39)
    def forward(self, x, y):
        #[b, 1, 50, 50]
        mask_pad_x = mask_pad(x)
        mask_tril_y = mask_tril(y)
        #编码, 添加位置信息
        #x = [b, 50] -> [b, 50, 32]
        #y = [b, 50] -> [b, 50, 32]
```

```
            x, y = self.embed_x(x), self.embed_y(y)
            #编码层计算
            #[b, 50, 32] -> [b, 50, 32]
            x = self.encoder(x, mask_pad_x)
            #解码层计算
            #[b, 50, 32],[b, 50, 32] -> [b, 50, 32]
            y = self.decoder(x, y, mask_pad_x, mask_tril_y)
            #全连接输出，维度不变
            #[b, 50, 32] -> [b, 50, 39]
            y = self.fc_out(y)
            return y
model = Transformer()
model(torch.ones(8, 50).long(), torch.ones(8, 50).long()).shape
```

运行结果如下：

```
torch.Size([8, 50, 39])
```

在主模型中，初始化了两个位置编码层，分别用来编码 x 和 y，计算的流程如下：

（1）获取一批 x 和 y 之后，对 x 计算 PAD MASK，对 y 计算上三角 MASK。

（2）对 x 和 y 分别编码。

（3）把 x 输入编码器计算输出。

（4）把编码器的输出和 y 同时输入解码器计算输出。

（5）将解码器的输出输入全连接输出层计算输出。

从上面的叙述可以看出，Transformer 主模型的计算需要同时输入 x 和 y。原因是我们要使用强制教学的方法训练 Transformer 模型，所以在计算时需要同时输入 x 和 y。

但是在预测时只有 x 数据，没有 y 数据，所以需要定义一个额外的预测函数，这个函数不使用强制教学，所以不需要 y，而是使用 Transformer 本身的能力预测句子，代码如下：

```
#第13章/定义预测函数
def predict(x):
    #x = [1, 50]
    model.eval()
    #[1, 1, 50, 50]
    mask_pad_x = mask_pad(x)
    #初始化输出，这个是固定值
    #[1, 50]
    #[[0,2,2,2...]]
    target = [vocab_y['<SOS>']] + [vocab_y['<PAD>']] * 49
    target = torch.LongTensor(target).unsqueeze(0)
    #x编码，添加位置信息
    #[1, 50] -> [1, 50, 32]
    x = model.embed_x(x)
```

```
#编码层计算，维度不变
#[1, 50, 32] -> [1, 50, 32]
x = model.encoder(x, mask_pad_x)
#遍历生成第1个词到第49个词
for i in range(49):
    #[1, 50]
    y = target
    #[1, 1, 50, 50]
    mask_tril_y = mask_tril(y)
    #y编码，添加位置信息
    #[1, 50] -> [1, 50, 32]
    y = model.embed_y(y)
    #解码层计算，维度不变
    #[1, 50, 32],[1, 50, 32] -> [1, 50, 32]
    y = model.decoder(x, y, mask_pad_x, mask_tril_y)
    #全连接输出，39分类
    #[1, 50, 32] -> [1, 50, 39]
    out = model.fc_out(y)
    #取出当前词的输出
    #[1, 50, 39] -> [1, 39]
    out = out[:, i, :]
    #取出分类结果
    #[1, 39] -> [1]
    out = out.argmax(dim=1).detach()
    #以当前词预测下一个词，填到结果中
    target[:, i + 1] = out
return target
predict(torch.ones(1, 50).long())
```

运行结果如下：

```
tensor([[ 0, 19, 19, 19,  3, 17, 30, 37, 19, 37, 37, 37, 37, 19,  3,  3, 19,
         19, 37, 37, 37, 37, 37, 17, 17, 17, 36, 25,  3, 17, 17, 17, 33, 37,
          7,  7,  7,  7, 17,  3,  7,  7,  7, 32,  3,  3,  3,  3,  3,  3]])
```

如理论部分所描述，在预测函数中，Transformer 模型将一个词一个词地预测输出，每预测一个词，就作为下一个词预测的输入使用。

13.6.6 训练和测试

现在 Transformer 模型已经定义完毕，并且也有了预测函数，现在可以开始训练 Transformer 模型了，代码如下：

```
#第13章/定义训练函数
def train():
```

```
        loss_func = torch.nn.CrossEntropyLoss()
        optim = torch.optim.Adam(model.parameters(), lr=2e-3)
        sched = torch.optim.lr_scheduler.StepLR(optim, step_size=3, gamma=0.5)
        for epoch in range(1):
            for i, (x, y) in enumerate(loader):
                #x = [8, 50]
                #y = [8, 51]
                #在训练时用 y 的每个字符作为输入，预测下一个字符，所以不需要最后一个字
                #[8, 50, 39]
                pred = model(x, y[:, :-1])
                #[8, 50, 39] -> [400, 39]
                pred = pred.reshape(-1, 39)
                #[8, 51] -> [400]
                y = y[:, 1:].reshape(-1)
                #忽略 PAD
                select = y != vocab_y['<PAD>']
                pred = pred[select]
                y = y[select]
                loss = loss_func(pred, y)
                optim.zero_grad()
                loss.backward()
                optim.step()
                if i % 200 == 0:
                    #[select, 39] -> [select]
                    pred = pred.argmax(1)
                    correct = (pred == y).sum().item()
                    accuracy = correct / len(pred)
                    lr = optim.param_groups[0]['lr']
                    print(epoch, i, lr, loss.item(), accuracy)
            sched.step()
    train()
```

在这段代码中，定义了学习率衰减器，每训练 3 个轮次，则学习率减半，但是由于本次要训练的任务复杂度太低，所以只需训练 1 个轮次就可以了，没有机会应用到学习率衰减。

在每次计算时，把 y 的最后一个词切除，因为在 Transformer 中计算时，根据 y 的前一个词预测下一个词，所以不需要最后一个词。这也是在设计数据时，故意让 y 多一个词的原因，这样在切除一个词以后，长度刚好和 x 的长度相等。

而在计算 loss 和正确率时，需要把 y 的第 1 个词切除，因为 Transformer 根据 y 的前一个词预测下一个词，所以 Transformer 并没有预测 y 当中的第 1 个词，而在设计数据时，y 当中的第 1 个词是确定的<SOS>，这个词也确实没有预测的必要。

该过程如图 13-32 所示。

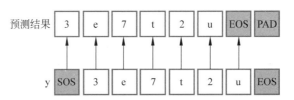

图 13-32　y 和预测结果的对应关系

训练过程的输出见表 13-2。

表 13-2　训练过程的输出

epoch	step	lr	loss	accuracy	epoch	step	lr	loss	accuracy
0	0	0.002	3.76785	0.02077	0	5200	0.002	0.17134	0.94410
0	200	0.002	3.30822	0.08232	0	5400	0.002	0.03396	0.98480
0	400	0.002	3.32789	0.08264	0	5600	0.002	0.00174	1.00000
0	600	0.002	3.24240	0.09524	0	5800	0.002	0.03156	0.98792
0	800	0.002	3.10707	0.18023	0	6000	0.002	0.02059	0.99688
0	1000	0.002	2.08337	0.36288	0	6200	0.002	0.03150	0.99373
0	1200	0.002	0.79332	0.76398	0	6400	0.002	0.02324	0.98824
0	1400	0.002	0.62079	0.83108	0	6600	0.002	0.00638	1.00000
0	1600	0.002	0.04385	0.98730	0	6800	0.002	0.00267	1.00000
0	1800	0.002	0.02214	0.99706	0	7000	0.002	0.00160	1.00000
0	2000	0.002	0.10781	0.98762	0	7200	0.002	0.00090	1.00000
0	2200	0.002	0.01537	1.00000	0	7400	0.002	0.68673	0.80734
0	2400	0.002	0.17330	0.94970	0	7600	0.002	0.00272	1.00000
0	2600	0.002	0.01242	1.00000	0	7800	0.002	0.50574	0.85593
0	2800	0.002	0.00452	1.00000	0	8000	0.002	0.04084	0.98742
0	3000	0.002	0.07790	0.99104	0	8200	0.002	0.00640	1.00000
0	3200	0.002	0.00404	1.00000	0	8400	0.002	0.00991	1.00000
0	3400	0.002	0.00195	1.00000	0	8600	0.002	0.00132	1.00000
0	3600	0.002	0.02528	1.00000	0	8800	0.002	0.00072	1.00000
0	3800	0.002	0.00453	1.00000	0	9000	0.002	0.00067	1.00000
0	4000	0.002	0.12613	0.97640	0	9200	0.002	0.00191	1.00000
0	4200	0.002	0.00367	1.00000	0	9400	0.002	0.00088	1.00000
0	4400	0.002	1.03291	0.72424	0	9600	0.002	0.00029	1.00000
0	4600	0.002	0.01011	0.99708	0	9800	0.002	0.07426	0.97826
0	4800	0.002	0.00122	1.00000	0	10000	0.002	0.00097	1.00000
0	5000	0.002	0.00078	1.00000	0	10200	0.002	0.00282	1.00000

续表

epoch	step	lr	loss	accuracy	epoch	step	lr	loss	accuracy
0	10400	0.002	0.01260	1.00000	0	11600	0.002	0.00046	1.00000
0	10600	0.002	0.00103	1.00000	0	11800	0.002	0.03236	1.00000
0	10800	0.002	0.00077	1.00000	0	12000	0.002	0.00218	1.00000
0	11000	0.002	0.00148	1.00000	0	12200	0.002	0.00068	1.00000
0	11200	0.002	0.00508	1.00000	0	12400	0.002	0.00031	1.00000
0	11400	0.002	0.00146	1.00000					

从表 13-2 可以看出，预测的正确率上升得很快。训练结束后，可以使用模型预测，代码如下：

```
#第13章/测试
def test():
    for i, (x, y) in enumerate(loader):
        break
    for i in range(8):
        print(i)
        print(''.join([vocab_xr[i] for i in x[i].tolist()]))
        print(''.join([vocab_yr[i] for i in y[i].tolist()]))
        print(''.join(
            [vocab_yr[i] for i in predict(x[i].unsqueeze(0))[0].tolist()]))
test()
```

运行结果如下：

```
0
<SOS>folbj78aowmpftdk1ggnlgndfoxgovxx9mksmdvzld49hr5<EOS><PAD>
<SOS>44RH05DLZVDMSKM0XXVOGXOFDNGLNGG8KDTFPMWOA12JBLOF<EOS><PAD>
<SOS>434R0D0LZVDMSKM0XXVOGXOFDNGLNGG8KDTFPMOA1AJJBLO<EOS><EOS>
1
<SOS>xbdxrpfgziie6cm2ugmmdjxjpcu1nzmhgnlchk8ujbuqfh<EOS><PAD><PAD>
<SOS>HHFQUBJU1KHCLNGHMZN8UCPJXJDMMGU7MC3EIIZGFPRXDBX<EOS><PAD><PAD>
<SOS>HHGQUBJU1KHCLNGHMZN8UCPJXJDMMGUOMC3EIDZGFPZPDB<EOS><EOS><EOS>
2
<SOS>j65bmgfxzaxka9mmcmjfvuztcmbvkh<EOS><PAD><PAD><PAD><PAD><PAD><PAD>
<PAD><PAD><PAD><PAD><PAD><PAD><PAD><PAD><PAD><PAD><PAD>
<SOS>HHKVBMCTZUVFJMCMM0AKXAZXFGMB43J<EOS><PAD><PAD><PAD><PAD><PAD><PAD>
<PAD><PAD><PAD><PAD><PAD><PAD><PAD><PAD><PAD><PAD><PAD>
<SOS>HHHKVBMTZUUVFMCMM0AKXAXFGMBM43JJ<EOS><EOS><EOS><EOS><EOS><EOS><EOS>
<EOS><EOS><EOS><EOS><EOS><EOS><EOS><EOS><EOS>
3
<SOS>2lzxxpjj3pdbnxabm6ikcvpfsc8pcvnv4vmzdrcz9k5mb<EOS><PAD><PAD><PAD>
```

```
<SOS>BBM4K0ZCRDZMV5VNVCP1CSFPVCKI3MBAXNBDP6JJPXXZL7<EOS><PAD><PAD><PAD>
<SOS>BBM4K0ZCRDZMV5VNVCP1CSFPPCKILM3BAXNBP6JPJPXZL7<EOS><EOS><EOS>
4
<SOS>khgxxxs7kpcro9bmdklh67gmvzgchmjmnscbgkl<EOS><PAD><PAD><PAD><PAD>
<PAD><PAD><PAD><PAD>
<SOS>LLKGBCSNMJMHCGZVMG23HLKDMB0ORCPK2SXXXGHK<EOS><PAD><PAD><PAD><PAD>
<PAD><PAD><PAD><PAD>
<SOS>LLKGBCSNMJMHCGZVMG23HLKDMB0ORCPK2SXXXGK<EOS><EOS><EOS><EOS><EOS>
<EOS><EOS><EOS><EOS><EOS>
5
<SOS>khmvxgsrqnbbcbvg1jzhv6hcudldz7n6<EOS><PAD><PAD><PAD><PAD><PAD>
<PAD><PAD><PAD><PAD><PAD><PAD><PAD><PAD><PAD>
<SOS>33N2ZDLDUCH3VHZJ8GVBCBBNQRSGXVMHK<EOS><PAD><PAD><PAD><PAD><PAD><PAD>
<PAD><PAD><PAD><PAD><PAD><PAD><PAD><PAD>
<SOS>333N2ZJDUCH33HZJ8GGBCBNQRSGXGVMMK<EOS><EOS><EOS><EOS><EOS><EOS><EOS>
<EOS><EOS><EOS><EOS><EOS><EOS><EOS><EOS>
6
<SOS>xnzsdxhx1hzdgvji7vkvbvvmnf7hvvgfidba4b<EOS><PAD><PAD><PAD><PAD><PAD>
<PAD><PAD><PAD><PAD><PAD>
<SOS>BB5ABDIFGVVH2FNMVVBVKV2IJVGDZH8XHXDSZNX<EOS><PAD><PAD><PAD><PAD>
<PAD><PAD><PAD><PAD><PAD>
<SOS>BB5ABDIFGVVH2FNMVVBBVK2IJVDZDH8XHXDSZN<EOS><EOS><EOS><EOS><EOS><EOS>
<EOS><EOS><EOS><EOS><EOS>
7
<SOS>6bnjcb6mzjbn3ksm4z6tlgc9nmjyv9kxv<EOS><PAD><PAD><PAD><PAD><PAD><PAD>
<PAD><PAD><PAD><PAD><PAD><PAD><PAD><PAD>
<SOS>VVXK0VYJMN0CGLT3Z5MSK6NBJZM3BCJNB3<EOS><PAD><PAD><PAD><PAD><PAD>
<PAD><PAD><PAD><PAD><PAD><PAD><PAD><PAD>
<SOS>VVXKK0VYJM0CGLT3Z5MSK6NBJZM3BCJNB3<EOS><EOS><EOS><EOS><EOS><EOS>
<EOS><EOS><EOS><EOS><EOS><EOS><EOS><EOS><EOS>
```

从结果可以看出，Transformer 在这个简单的翻译任务中表现良好，预测结果和真实的 y 相差较小。

13.7 两数相加任务

13.7.1 任务介绍

有些读者可能觉得上面的例子太过于简单了，x 和 y 之间的关系为一一对应关系，缺乏相互影响，在本节将介绍一个更高难度的任务，在这个任务中，我们将尝试使用 Transformer 计算加法，先来看一些数据样例，见表 13-3。

表 13-3 加法数据样例

x	y
9779465996866825a3249988572494	9782715985439319
4944365816727a56995759694467756	57000704060284483
95590899996798046a786854838581476985	882445738578275031
865978976468997a458456876888594	1324435853357591
23962770144367a27557677466969586	27581640237113953

在表 13-3 中，x 是被字母 a 分隔的两串数字，这两串数字相加之后等于 y。两串数字的长度是随机的，可以把 x 看作一句话，把 y 看作 x 的译文，这是个相对复杂的对应关系，不再是简单的一一对应。

13.7.2 实现代码

要尝试完成该任务，只需重新定义数据生成函数，并且把训练的轮数修改为 10 次。新的数据生成函数的代码如下：

```
#第13章/两数相加测试
#使用这份数据时可把训练次数改为10
def get_data():
    #定义词集合
    words = ['0', '1', '2', '3', '4', '5', '6', '7', '8', '9']
    #定义每个词被选中的概率
    p = np.array([1, 2, 3, 4, 5, 6, 7, 8, 9, 10])
    p = p / p.sum()
    #随机选 n 个词
    n = random.randint(10, 20)
    s1 = np.random.choice(words, size=n, replace=True, p=p)
    #采样的结果就是 s1
    s1 = s1.tolist()
    #以同样的方法,再采出 s2
    n = random.randint(10, 20)
    s2 = np.random.choice(words, size=n, replace=True, p=p)
    s2 = s2.tolist()
    #y 等于 s1 和 s2 数值的和
    y = int(''.join(s1)) + int(''.join(s2))
    y = list(str(y))
    #x 由 s1 和 s2 字符连接而成
    x = s1 + ['a'] + s2
    #加上首尾符号
    x = ['<SOS>'] + x + ['<EOS>']
    y = ['<SOS>'] + y + ['<EOS>']
```

```
    #补 PAD, 直到固定长度
    x = x + ['<PAD>'] * 50
    y = y + ['<PAD>'] * 51
    x = x[:50]
    y = y[:51]
    #编码成数据
    x = [vocab_x[i] for i in x]
    y = [vocab_y[i] for i in y]
    #转 Tensor
    x = torch.LongTensor(x)
    y = torch.LongTensor(y)
    return x, y
get_data()
```

运行结果如下：

```
(tensor([ 0, 32, 35, 33,  9, 21,  7, 23, 35, 26, 23, 27, 36,  7, 12, 32, 11, 30,
        35, 24, 26, 35, 32, 38, 30, 28, 31, 33, 29, 30, 35, 35, 22, 10, 16, 30,
        37,  7, 37, 34, 11, 22, 38, 26, 30,  1,  2,  2,  2,  2]),
 tensor([ 0, 30, 30, 26, 38, 22,  4, 34, 37,  8, 37, 30, 16,  5, 22, 35, 35, 30,
        29, 33, 31, 28, 30, 38, 32, 35, 26, 24, 35, 30,  4, 32,  3,  8, 36, 27,
        23, 26, 35, 23,  8, 21,  6, 33, 35, 32,  1,  2,  2,  2,  2]))
```

13.7.3　训练和测试

接下来把训练的轮数修改为 10 次，这样就可以训练了，训练过程的输出见表 13-4。

表 13-4　两数相加训练过程的输出

epoch	step	lr	loss	accuracy	epoch	step	lr	loss	accuracy
0	0	0.00200	4.01723	0.00000	1	10000	0.00200	1.03401	0.58333
0	2000	0.00200	2.14980	0.13475	1	12000	0.00200	1.40509	0.57718
0	4000	0.00200	2.13260	0.17606	2	0	0.00200	1.17229	0.60000
0	6000	0.00200	2.13173	0.20588	2	2000	0.00200	0.71251	0.72028
0	8000	0.00200	2.08090	0.20423	2	4000	0.00200	1.01125	0.63694
0	10000	0.00200	2.07815	0.17687	2	6000	0.00200	0.72506	0.74483
0	12000	0.00200	1.79386	0.33333	2	8000	0.00200	0.86750	0.74046
1	0	0.00200	1.78722	0.32374	2	10000	0.00200	1.18816	0.65000
1	2000	0.00200	1.86281	0.25000	2	12000	0.00200	0.46759	0.82667
1	4000	0.00200	1.70836	0.34043	3	0	0.00100	0.83031	0.75000
1	6000	0.00200	1.72071	0.35616	3	2000	0.00100	0.22943	0.91971
1	8000	0.00200	1.35795	0.47619	3	4000	0.00100	0.08019	0.97315

epoch	step	lr	loss	accuracy	epoch	step	lr	loss	accuracy
3	6000	0.00100	0.80680	0.84397	6	10000	0.00050	0.13074	0.94030
3	8000	0.00100	0.43540	0.85430	6	12000	0.00050	0.06939	0.96503
3	10000	0.00100	0.23123	0.94245	7	0	0.00050	0.06543	0.97887
3	12000	0.00100	0.13621	0.92258	7	2000	0.00050	0.06568	0.97163
4	0	0.00100	0.74229	0.78344	7	4000	0.00050	0.07613	0.97333
4	2000	0.00100	0.16583	0.95489	7	6000	0.00050	0.06972	0.97959
4	4000	0.00100	0.20696	0.95270	7	8000	0.00050	0.03162	0.99248
4	6000	0.00100	0.08379	0.96622	7	10000	0.00050	0.05851	0.97315
4	8000	0.00100	0.13294	0.96094	7	12000	0.00050	0.08067	0.96644
4	10000	0.00100	0.18102	0.92361	8	0	0.00050	0.04522	0.99310
4	12000	0.00100	0.19995	0.90210	8	2000	0.00050	0.10134	0.97122
5	0	0.00100	0.21403	0.90278	8	4000	0.00050	0.07277	0.96454
5	2000	0.00100	0.11801	0.95862	8	6000	0.00050	0.29492	0.89130
5	4000	0.00100	0.13793	0.94558	8	8000	0.00050	0.04506	0.97744
5	6000	0.00100	0.10863	0.95935	8	10000	0.00050	0.13401	0.94366
5	8000	0.00100	0.28971	0.91549	8	12000	0.00050	0.06075	0.98013
5	10000	0.00100	0.11179	0.96000	9	0	0.00025	0.07825	0.97917
5	12000	0.00100	0.12426	0.94326	9	2000	0.00025	0.05357	0.98013
6	0	0.00050	0.31728	0.94406	9	4000	0.00025	0.03780	0.98582
6	2000	0.00050	0.16548	0.93056	9	6000	0.00025	0.29005	0.90152
6	4000	0.00050	0.12586	0.95000	9	8000	0.00025	0.03897	0.97973
6	6000	0.00050	0.04157	0.99301	9	10000	0.00025	0.05700	0.97163
6	8000	0.00050	0.29623	0.87898	9	12000	0.00025	0.03617	0.99315

训练完成后执行一次测试，查看模型的预测效果，运行结果如下：

```
0
<SOS>69959127972a7906823699062947993<EOS><PAD><PAD><PAD><PAD><PAD><PAD>
<PAD><PAD><PAD><PAD><PAD><PAD><PAD><PAD><PAD>
    <SOS>7906823706058860 7911<EOS><PAD><PAD><PAD><PAD><PAD><PAD><PAD><PAD>
<PAD><PAD><PAD><PAD><PAD><PAD><PAD><PAD><PAD><PAD><PAD><PAD><PAD><PAD><PAD>
<PAD><PAD><PAD><PAD><PAD><PAD>
    <SOS>7906823706058860 7911<EOS><EOS><EOS><EOS><EOS><EOS><EOS><EOS><EOS>
<EOS><EOS><EOS>117886<EOS><EOS>091287778
    1
    <SOS>97585554595965a7879935899365<EOS><PAD><PAD><PAD><PAD><PAD><PAD>
<PAD><PAD><PAD><PAD><PAD><PAD><PAD><PAD><PAD><PAD><PAD><PAD>
```

<SOS>105465490495330<EOS><PAD><PAD><PAD><PAD><PAD><PAD><PAD><PAD><PAD>

<SOS>105465490495330<EOS><EOS><EOS><EOS><EOS><EOS><EOS><EOS><EOS><EOS>
<EOS><EOS><EOS><EOS><EOS>2666

2

<SOS>948296474994975a9947925666588821607<EOS><PAD><PAD><PAD><PAD><PAD>

<SOS>9948873963063816582<EOS><PAD><PAD><PAD><PAD><PAD><PAD><PAD><PAD>

<SOS>9948873963063816582<EOS><EOS><EOS><EOS><EOS><EOS><EOS><EOS><EOS>
<EOS><EOS><EOS><EOS><EOS><EOS><EOS><EOS>5<EOS><EOS><EOS><EOS><EOS>1336887

3

<SOS>81248996476a995886487475647426<EOS><PAD><PAD><PAD><PAD><PAD>

<SOS>995886568724643902<EOS><PAD><PAD><PAD><PAD><PAD><PAD><PAD><PAD>

<SOS>995886568724643902<EOS><EOS><EOS><EOS><EOS><EOS><EOS><EOS><EOS><EOS>
<EOS><EOS>7878

4

<SOS>419918877798a55730859672<EOS><PAD><PAD><PAD><PAD><PAD><PAD><PAD>

<SOS>475649737470<EOS><PAD><PAD><PAD><PAD><PAD><PAD><PAD><PAD><PAD>

<SOS>475649737470<EOS><EOS><EOS><EOS><EOS><EOS><EOS><EOS><EOS><EOS><EOS><EOS>

5

<SOS>498702999979a39598334951<EOS><PAD><PAD><PAD><PAD><PAD><PAD><PAD>

<SOS>538301334930<EOS><PAD><PAD><PAD><PAD><PAD><PAD><PAD><PAD><PAD><PAD>

<SOS>538301334920<EOS><EOS><EOS><EOS><EOS><EOS><EOS><EOS><EOS><EOS><EOS>
<EOS><EOS><EOS><EOS><EOS><EOS><EOS><EOS><EOS><EOS>1

```
6
    <SOS>978948864349646794a762665688863796<EOS><PAD><PAD><PAD><PAD><PAD>
<PAD><PAD><PAD><PAD><PAD><PAD><PAD><PAD>
    <SOS>979711530038510590<EOS><PAD><PAD><PAD><PAD><PAD><PAD><PAD><PAD>
<PAD><PAD><PAD><PAD><PAD><PAD><PAD><PAD><PAD><PAD><PAD><PAD><PAD><PAD>
<PAD><PAD><PAD><PAD><PAD><PAD><PAD>
    <SOS>979711530038510590<EOS><EOS><EOS><EOS><EOS><EOS><EOS><EOS><EOS><EOS>
<EOS><EOS><EOS><EOS><EOS><EOS><EOS><EOS><EOS><EOS><EOS><EOS><EOS><EOS><EOS>
<EOS><EOS><EOS>670
    7
    <SOS>8388799497289839295a5994377949610297<EOS><PAD><PAD><PAD><PAD><PAD>
<PAD><PAD><PAD><PAD><PAD><PAD><PAD>
    <SOS>8394793875239449592<EOS><PAD><PAD><PAD><PAD><PAD><PAD><PAD><PAD>
<PAD><PAD><PAD><PAD><PAD><PAD><PAD><PAD><PAD><PAD><PAD><PAD><PAD><PAD>
<PAD><PAD><PAD><PAD><PAD><PAD>
    <SOS>8394793875239459592<EOS><EOS><EOS><EOS><EOS><EOS><EOS><EOS><EOS>
<EOS><EOS><EOS><EOS><EOS><EOS><EOS>19<EOS><EOS><EOS><EOS><EOS><EOS>4575555
```

可以看到在这个更加复杂的任务中，Transformer 依然很好地完成了任务，虽然有一些错误，但在可容忍的范围内。

13.8 小结

本章详细介绍了 Transformer 的模型设计思路和计算过程，并且通过两个实例使用 Transformer 执行了两个翻译任务。

在 Transformer 被提出之前，普遍使用的文本特征抽取层是 RNN，RNN 的缺点是能表达的文本复杂度很有限，尤其针对长文本的处理能力更差，虽然在 LSTM 和 GRU 模型被提出后 RNN 的这个缺点在很大程度上被弥补了，但依然没有得到彻底解决。

RNN 还有个缺点，即它的计算过程是串联的，必须先算第 1 个词才能算第 2 个词，在文本长度较长的情况下 RNN 的计算效率较低。

Transformer 使用注意力模型抽取文本特征，很好地解决了 RNN 的两个缺点，Transformer 的注意力模型就是要找出词与词之间的相互对应关系，所以对长文本有较好的处理能力，Transformer 的计算过程是可并行的，效率比 RNN 要高很多。

但是 Transformer 也有缺点，它的缺点就是相比 RNN 而言太复杂了，RNN 是个非常简单漂亮的模型，就算是对 RNN 一无所知的人也能在很短的时间内理解 RNN 的计算过程和原理，相比之下 Transformer 就复杂得多，学习的难度也较大。

BERT 模型是基于 Transformer 的改进模型，理解了 Transformer 就能很好地理解 BERT。

第 14 章

手动实现 BERT

14.1 BERT 架构

学习了 Transformer 模型之后，现在来研究 BERT 模型，如前所述，BERT 是基于 Transformer 模型的改进模型，与 Transformer 不同，BERT 的设计并不是为了完成特定的具体任务，BERT 的设计初衷就是要作为一个通用的 backbone 使用，即提取文本的特征向量，有了特征向量后就可以接入各种各样的下游任务，包括翻译任务、分类任务、回归任务等。

先来看 BERT 模型的架构，如图 14-1 所示。

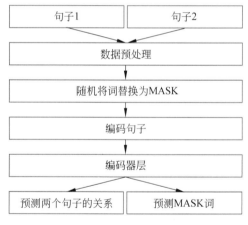

图 14-1　BERT 模型架构

下面对图 14-1 中的计算流程进行解释。

（1）输入层：BERT 每次计算时输入两句话，而不是一句话，这一点和 Transformer 模型不同。

（2）数据预处理：包括移除不能识别的字符、将所有字母小写、多余的空格等。由于输入的句子为两句，在数据预处理时需要把两个句子组合成一个句子，便于后续的计算。

（3）随机将一些词替换为 MASK：BERT 模型的训练过程包括两个子任务，其中一个即为预测被遮掩的词的原本的词，所以在计算之前，需要把句子中的一些词替换为 MASK 交给 BERT 预测。

（4）编码句子：把句子编码成向量，和 Transformer 一样，BERT 同样也有位置编码层，以让处于不同位置的相同的词有不同的向量表示。

（5）编码器：此处的编码器即为 Transformer 中的编码器，BERT 使用了 Transformer 中的编码器来抽取文本特征。

（6）预测两个句子的关系：BERT 的计算包括两个子任务，预测两个句子的关系为其中一个子任务，BERT 要计算出输入的两个句子的关系，这一般是二分类任务。

（7）预测 MASK 词：这是 BERT 的另外一个子任务，要预测出句子中的 MASK 原本的词。

以上就是 BERT 模型计算过程的一个概览，为了训练 BERT 模型设计了两个子任务，在这两个子任务训练的过程中，训练 BERT 抽取文本特征向量的能力，如果把图 14-1 中的最后一层剪掉，留下的就是一个能够抽取句子向量的 BERT 模型。

14.2　数据集处理

14.2.1　数据处理过程概述

和 Transformer 不同，BERT 每次处理的并不是一个句子，而是一对句子，这两个句子表达的意思可能相同，也可能不同，BERT 的一个子任务就是要判断两个句子的意思是否相同，接下来介绍 BERT 训练数据的一般处理过程。

在数据预处理流程中，需要移除所有的标点符号、将所有字母小写、将数字替换为特殊符号，此步骤的大致示意见表 14-1。

表 14-1　数据预处理示意

原句子 1	My	dog	is	cute	!
处理后句子 1	my	dog	is	cute	
原句子 2	He	likes	playing	!	
处理后句子 2	he	likes	playing		

处理好两个句子后，就可以把两个句子组合成一个句子了，两个句子中间使用特殊符号分隔，组合后的句子首尾也需要添加特殊符号，为了满足特定的长度，句子可能需要补充一些 PAD，组合后的句子使用事先准备好的字典转换为数字，该过程见表 14-2。

表 14-2　组合句子并编码示意

组合句子	<SOS>	my	dog	is	cute	<EOS>	he	likes	playing	<EOS>	<PAD>
编码句子	1	11	12	13	14	2	15	16	17	2	0

BERT 有两个子任务，其中一个是要预测句子中的 MASK 原本的词，因此需要在句子中

将一些词替换为 MASK，该过程见表 14-3。

表 14-3　随机用 MASK 遮掩部分词示意

原句子	<SOS>	my	dog	is	cute	<EOS>	he	likes	playing	<EOS>	<PAD>
原编码	1	11	12	13	14	2	15	16	17	2	0
随机 MASK	<SOS>	my	<MASK>	is	cute	<EOS>	he	<MASK>	playing	<EOS>	<PAD>
MASK 后编码	1	11	5	13	14	2	15	5	17	2	0

在表 14-3 中有两个 MASK，MASK 出现的位置是随机的，MASK 不会替换特殊符号，只会替换词，事实上遮掩不只是简单地替换为 MASK，还会有其他的变化，这在后续看代码时再详述。

接下来要对句子进行编码，编码的计算流程见表 14-4。

表 14-4　句子编码示意

句子	<SOS>	my	<MASK>	is	cute	<EOS>	he	<MASK>	playing	<EOS>	<PAD>
编码	1	11	5	13	14	2	15	5	17	2	0
词向量	E(1)	E(11)	E(5)	E(13)	E(14)	E(2)	E(15)	E(5)	E(17)	E(2)	E(0)
片段编码	E(1)	E(1)	E(1)	E(1)	E(1)	E(1)	E(2)	E(2)	E(2)	E(2)	E(0)
位置编码	E(1)	E(2)	E(3)	E(4)	E(5)	E(6)	E(7)	E(8)	E(9)	E(10)	E(11)

从表 14-4 可以看出，一个句子可以编码为 3 个编码，分别为词向量编码、片段编码和位置编码，最终的编码为这 3 个编码相加，下面对这 3 种编码分别进行介绍。

（1）词向量编码：即简单地把词投影到 N 维向量空间中去，投影矩阵一般是随机初始化的。

（2）片段编码：标识了句子中哪一段属于句子 1，哪一段属于句子 2，哪一段属于 PAD。

（3）位置编码：和句子的具体内容无关，只和位置有关，一般初始化为随机矩阵。和 Transformer 不同，Transformer 中的位置编码矩阵是常量，是不会更新的，但是在 BERT 当中，位置编码矩阵是个可学习的参数，在训练的过程中会不断地变化。

经过编码以后，句子已经被向量化，接下来就可以被输入编码器网络进行计算，抽取文本的特征向量，此处的编码器即 Transformer 的编码器。

抽取文本特征向量以后，即可输入两个下游任务网络计算输出，这两个输出是 BERT 的两个子任务，分别为预测两个句子的意思是否相同和预测被遮掩的词的原本的词。

接下来是代码实现部分，通过手动构建 BERT 模型，以帮助读者更深入地理解 BERT 的设计思路和计算流程。

14.2.2 数据集介绍

首先来看数据文件,在本章中,将使用微软提供的 MSR Paraphrase 数据集进行训练,在本书的配套资源中可以找到数据文件 msr_paraphrase.csv。该数据文件中的部分数据样例见表 14-5。

表 14-5 MSR Paraphrase 数据集示例

Quality	#1 ID	#2 ID	#1 String	#2 String
1	702876	702977	Amrozi accused his brother, whom he called <QUOTE> the witness <QUOTE>, of deliberately distorting his evidence.	Referring to him as only <QUOTE> the witness <QUOTE>, Amrozi accused his brother of deliberately distorting his evidence.
0	2108705	2108831	Yucaipa owned Dominick's before selling the chain to Safeway in 1998 for 14 2.5 billion.	Yucaipa bought Dominick's in 1995 for 14 693 million and sold it to Safeway for 14 1.8 billion in 1998.
1	1330381	1330521	They had published an advertisement on the Internet on June 10, offering the cargo for sale, he added.	On June 10, the ship's owners had published an advertisement on the Internet, offering the explosives for sale.
0	3344667	3344648	Around 0335 GMT, Tab shares were up 19 cents, or 4.4 %, at A 14 4.56, having earlier set a record high of A 14 4.57.	Tab shares jumped 20 cents , or 4.6 % , to set a record closing high at A 14 4.57.
1	1236820	1236712	The stock rose 14 2.11, or about 11 percent, to close Friday at 14 21.51 on the New York Stock Exchange.	PG & E Corp. shares jumped 14 1.63 or 8 percent to 14 21.03 on the New York Stock Exchange on Friday.

MSR Paraphrase 数据集共 5801 行,5 列,其中两列 ID 对于训练 BERT 模型没有用处,只需关注第 1 列和另外两列 String。

两列 String 在同一行显然为两个句子,这两个句子可能表达的是同样的意思,也可能是不同的意思,第 1 列的数字即标识了这两个句子的意思是否相同。

从表 14-5 可以看出,MSR Paraphrase 数据集中的句子是比较杂乱的,有很多特殊符号、数字、大小写混写的情况,在数据预处理过程中逐一修正这些问题。

14.2.3 数据处理实现代码

1. 字词处理

首先读取数据文件,代码如下:

```
#第14章/读取数据文件
import pandas as pd
data = pd.read_csv('data/msr_paraphrase.csv', sep='\t')
```

```
data
```

运行结果见表14-6。

表14-6　处理之前的 MSR Paraphrase 数据集

	Quality	#1 ID	#2 ID	#1 String	#2 String
0	1	702876	702977	Amrozi accused his brother , whom he called <Q...	Referring to him as only <QUOTE> the witness <...
1	0	2108705	2108831	Yucaipa owned Dominick 's before selling the c...	Yucaipa bought Dominick's in 1995 for 14 693 m...
2	1	1330381	1330521	They had published an advertisement on the Int...	On June 10, the ship's owners had published ...
3	0	3344667	3344648	Around 0335 GMT , Tab shares were up 19 cents ...	Tab shares jumped 20 cents, or 4.6 % , to set...
4	1	1236820	1236712	The stock rose 14 2.11 , or about 11 percent , ...	PG & E Corp. shares jumped 14 1.63 or 8 percent...
...	...	...	...	...	...
5796	0	2685984	2686122	After Hughes refused to rehire Hernandez , he ...	Hernandez filed an Equal Employment Opportunit...
5797	0	339215	339172	There are 103 Democrats in the Assembly and 47...	Democrats dominate the Assembly while Republic...
5798	0	2996850	2996734	Bethany Hamilton remained in stable condition ...	Bethany, who remained in stable condition aft...
5799	1	2095781	2095812	Last week the power station â™s US owners , ...	The news comes after Drax's American owner , ...
5800	1	2136244	2136052	Sobig. F spreads when unsuspecting computer use...	The virus spreads when unsuspecting computer u...

两列 ID 对于本章的任务没有用处，移除这两列，代码如下：

```
#第14章/删除无用的两列数据
data.pop('#1 ID')
data.pop('#2 ID')
data
```

重命名列名，代码如下：

```
#第14章/重命名列
columns = list(data.columns)
columns[0] = 'same'
columns[1] = 's1'
columns[2] = 's2'
data.columns = columns
data
```

文本中有很多特殊符号<QUOTE>，在本章的任务中，出于简单起见，不考虑标点符号，所以可以移除这个符号，代码如下：

```
#第14章/删除文本中的<QUOTE>符号
data['s1'] = data['s1'].str.replace('<QUOTE>', ' ')
data['s2'] = data['s2'].str.replace('<QUOTE>', ' ')
data
```

删除所有标点符号，代码如下：

```
#第14章/删除标点符号
data['s1'] = data['s1'].str.replace('[^\w\s]', ' ')
data['s2'] = data['s2'].str.replace('[^\w\s]', ' ')
data
```

文本中有一些特殊字符需要替换为常规的字符，代码如下：

```
#第14章/替换特殊字符
data['s1'] = data['s1'].str.replace('â', 'a')
data['s2'] = data['s2'].str.replace('â', 'a')
data['s1'] = data['s1'].str.replace('Â', 'A')
data['s2'] = data['s2'].str.replace('Â', 'A')
data['s1'] = data['s1'].str.replace('Ã', 'A')
data['s2'] = data['s2'].str.replace('Ã', 'A')
data['s1'] = data['s1'].str.replace('_', ' ')
data['s2'] = data['s2'].str.replace('_', ' ')
data['s1'] = data['s1'].str.replace('µ', 'u')
data['s2'] = data['s2'].str.replace('µ', 'u')
data['s1'] = data['s1'].str.replace('³', ' ')
data['s2'] = data['s2'].str.replace('³', ' ')
data['s1'] = data['s1'].str.replace('½', ' ')
data['s2'] = data['s2'].str.replace('½', ' ')
data
```

经过以上处理以后，文档中有很多连续的空格，需要将连续的空格合并为1个空格，代码如下：

```
#第14章/合并连续的空格
data['s1'] = data['s1'].str.replace('\s{2,}', ' ')
data['s2'] = data['s2'].str.replace('\s{2,}', ' ')
data
```

文档中有些数字和字母连在一起，例如"12th""1990s"等，需要把它们拆分开，代码如下：

```
#第14章/拆分数字和字母连写的词
data['s1'] = data['s1'].str.replace('(\d)([a-zA-Z])', '\\1 \\2')
```

```
data['s2'] = data['s2'].str.replace('(\d)([a-zA-Z])', '\\1 \\2')
data['s1'] = data['s1'].str.replace('([a-zA-Z])(\d)', '\\1 \\2')
data['s2'] = data['s2'].str.replace('([a-zA-Z])(\d)', '\\1 \\2')
data
```

文本中大小写是混写的，出于简单考虑，把所有的大写字母转换为小写字母，并移除每个句子首尾的空格，代码如下：

```
#第14章/删除首尾空格并小写所有字母
data['s1'] = data['s1'].str.strip()
data['s2'] = data['s2'].str.strip()
data['s1'] = data['s1'].str.lower()
data['s2'] = data['s2'].str.lower()
data
```

文本中有很多数字，如果每个数字都作为一个词处理，则字典的量将不可控，并且数字太过于抽象，神经网络不太可能捕捉到每个数字的词向量表示，所以将所有的数字替换为特殊符号，代码如下：

```
#第14章/替换数字为符号
data['s1'] = data['s1'].str.replace('\d+', '<NUM>')
data['s2'] = data['s2'].str.replace('\d+', '<NUM>')
data
```

运行结果见表 14-7。

表 14-7　文本处理完毕的 MSR Paraphrase 数据集

	same	s1	s2
0	1	amrozi accused his brother whom he called the ...	referring to him as only the witness amrozi ac...
1	0	yucaipa owned dominick s before selling the ch...	yucaipa bought dominick s in <NUM> for <NUM> m...
2	1	they had published an advertisement on the int...	on june <NUM> the ship s owners had published ...
3	0	around <NUM> gmt tab shares were up <NUM> cent...	tab shares jumped <NUM> cents or <NUM> <NUM> t...
4	1	the stock rose <NUM><NUM> or about <NUM> perc...	pg e corp shares jumped <NUM><NUM> or <NUM> p...
...	...	...	...
5796	0	after hughes refused to rehire hernandez he co...	hernandez filed an equal employment opportunit ...
5797	0	there are <NUM> democrats in the assembly and ...	democrats dominate the assembly while republic ...

续表

	same	s1	s2
5798	0	bethany hamilton remained in stable condition ...	bethany who remained in stable condition after...
5799	1	last week the power station a s us owners aes ...	the news comes after drax s american owner aes...
5800	1	sobig f spreads when unsuspecting computer use...	the virus spreads when unsuspecting computer u...

2. 合并句子

到此，文本的处理已经完毕，接下来需要把两个句子组合为一个句子，首先要对第1个句子添加首尾符号，代码如下：

```
#第14章/为s1添加首尾符号
def f(sent):
    return '<SOS> ' + sent + ' <EOS>'
data['s1'] = data['s1'].apply(f)
data
```

由于第2个句子会接在第1个句子的后面，所以第1个句子的结尾符号即为第2个句子的开头符号，由此第2个句子不需要添加开头符号，只需添加结尾符号，代码如下：

```
#第14章/为s2添加结尾符号
def f(sent):
    return sent + ' <EOS>'
data['s2'] = data['s2'].apply(f)
data
```

在组合两个句子之后，需要先计算出两个句子的长度，后续在BERT中计算片段编码时需要用到，代码如下：

```
#第14章/分别求出s1和s2的长度
def f(sent):
    return len(sent.split(' '))
data['s1_lens'] = data['s1'].apply(f)
data['s2_lens'] = data['s2'].apply(f)
data
```

接下来需要求出两个句子相加之后的最大长度，以确定每个句子需要补充PAD的长度，代码如下：

```
#第14章/求s1+s2后的最大长度
max_lens = max(data['s1_lens'] + data['s2_lens'])
max_lens
```

运行结果如下：

```
72
```

可见两个句子相加,最大长度为 72 个单词,对于不足 72 个单词的句子,需要补充 PAD,让所有句子的长度保持一致,便于后续的计算。

在补充 PAD 之前,首先需要计算出每个句子要补充 PAD 的长度,代码如下:

```
#第14章/求出每个句子需要补充 PAD 的长度
data['pad_lens'] = max_lens - data['s1_lens'] - data['s2_lens']
data
```

至此,就可以合并两个句子了,代码如下:

```
#第14章/合并 s1 和 s2
data['sent'] = data['s1'] + ' ' + data['s2']
data.pop('s1')
data.pop('s2')
data
```

现在对每个句子补充 PAD,代码如下:

```
#第14章/为不足最大长度的句子补充 PAD
def f(row):
    pad = ' '.join(['<PAD>'] * row['pad_lens'])
    row['sent'] = row['sent'] + ' ' + pad
    return row
data = data.apply(f, axis=1)
data
```

运行结果见表 14-8。

表 14-8　合并句子完毕的 MSR Paraphrase 数据集

	same	s1_lens	s2_lens	pad_lens	sent
0	1	16	17	39	\<SOS> amrozi accused his brother whom he calle...
1	0	18	21	33	\<SOS> yucaipa owned dominick s before selling ...
2	1	20	20	32	\<SOS> they had published an advertisement on t...
3	0	28	19	25	\<SOS> around \<NUM> gmt tab shares were up \<NUM ...
4	1	23	22	27	\<SOS> the stock rose \<NUM>\<NUM> or about \<NUM...
...	...	...	...	...	...
5796	0	16	11	45	\<SOS> after hughes refused to rehire hernandez...
5797	0	12	10	50	\<SOS> there are \<NUM> democrats in the assembl...
5798	0	14	17	41	\<SOS> bethany hamilton remained in stable cond...
5799	1	29	30	13	\<SOS> last week the power station a s us owner...
5800	1	28	23	21	\<SOS> sobig f spreads when unsuspecting comput...

3. 构建字典并编码

至此，句子的合并已经完毕，接下来需要构建字典，代码如下：

```
#第14章/构建字典
def build_vocab():
    vocab = {
        '<PAD>': 0,
        '<SOS>': 1,
        '<EOS>': 2,
        '<NUM>': 3,
        '<UNK>': 4,
        '<MASK>': 5,
        '<Symbol6>': 6,
        '<Symbol7>': 7,
        '<Symbol8>': 8,
        '<Symbol9>': 9,
        '<Symbol10>': 10,
    }
    for i in range(len(data)):
        for word in data.iloc[i]['sent'].split(' '):
            if word not in vocab:
                vocab[word] = len(vocab)
    return vocab
vocab = build_vocab()
len(vocab), vocab['the']
```

输出的结果如下：

```
(14789, 18)
```

构建字典之前，首先定义了 10 个特殊符号，有些特殊符号是预留的，防止以后可能需要添加新的特殊符号的情况，普通词的序号从 11 开始。

构建字典的过程需要遍历所有句子的所有词，如果发现新词，则添加入字典，序号相应地增加 1。

从结果可以看出，使用 MSR Paraphrase 数据集编出的字典共 14 789 个词，包括 10 个特殊符号，单词 the 的序号为 18。

有了字典之后，可以使用字典把所有的单词转换为数字，代码如下：

```
#第14章/使用字典编码文本
def f(sent):
    sent = [str(vocab[word]) for word in sent.split()]
    sent = ','.join(sent)
    return sent
data['sent'] = data['sent'].apply(f)
```

```
data
```

运行结果见表14-9。

表14-9 处理完毕的 MSR Paraphrase 数据集

	same	s1_lens	s2_lens	pad_lens	sent
0	1	16	17	39	1,11,12,13,14,15,16,17,18,19,20,21,22,13,23,2,...
1	0	18	21	33	1,29,30,31,32,33,34,18,35,25,36,37,3,38,3,3,39...
2	1	20	20	32	1,45,46,47,48,49,50,18,51,50,52,3,53,18,54,38,...
3	0	28	19	25	1,60,3,61,62,63,64,65,3,66,67,3,3,68,69,3,3,70...
4	1	23	22	27	1,18,77,78,3,3,67,79,3,80,25,81,82,68,3,3,50,1...
...	...	...	...	...	...
5796	0	16	11	45	1,427,1645,2006,25,10152,2246,16,14787,25,18,1...
5797	0	12	10	50	1,514,448,3,1756,37,18,4646,42,3,1755,2,1756,1...
5798	0	14	17	41	1,10028,994,2211,37,1627,2190,1672,427,18,1167...
5799	1	29	30	13	1,464,908,18,917,434,69,32,586,58,9275,88,3184...
5800	1	28	23	21	1,2808,2809,2799,205,2800,2801,1573,1658,1243,...

4. 保存数据文件

至此数据已经处理完毕，可以保存为 CSV 文件，便于后续输入 BERT 当中计算，代码如下：

```
#第14章/保存为 CSV 文件
data.to_csv('data/msr_paraphrase_data.csv', index=False)
```

字典也保存为 CSV 文件，后续需要对数据解码，代码如下：

```
#第14章/保存字典
pd.DataFrame(vocab.items(), columns=['word', 'token']).to_csv('data/msr_
paraphrase_vocab.csv',
                                                          index=False)
```

保存的数据文件内容见表14-10。

表14-10 保存的数据文件

same	s1_lens	s2_lens	pad_lens	sent
1	16	17	39	1,11,12,13,14,15,16,17,18,19,20,21,22,13,23,2,24,25,26,27,28,18,19,11,12,13,14,20,21,22,13,23,2,0,0,0,0,0,0,0,0,0,0,0,0,0,0,0,0,0,0,0,0,0,0,0,0,0,0,0,0,0,0,0,0,0,0,0,0,0,0,0,0,0
0	18	21	33	1,29,30,31,32,33,34,18,35,25,36,37,3,38,3,3,39,2,29,40,31,32,37,3,38,3,41,42,43,44,25,36,38,3,3,39,37,3,2,0,0,0,0,0,0,0,0,0,0,0,0,0,0,0,0,0,0,0,0,0,0,0,0,0,0,0,0,0,0,0,0,0,0,0,0

same	s1_lens	s2_lens	pad_lens	sent
1	20	20	32	1,45,46,47,48,49,50,18,51,50,52,3,53,18,54,38,55,16,56,2,50,52,3,18,57,32,58,46,47,48,49,50,18,51,53,18,59,38,55,2,0,0,0,0,0,0,0,0,0,0,0,0,0,0,0,0,0,0,0,0,0,0,0,0,0,0,0,0,0,0,0
0	28	19	25	1,60,3,61,62,63,64,65,3,66,67,3,3,68,69,3,3,70,71,72,69,73,74,20,69,3,3,2,62,63,75,3,66,67,3,3,25,72,69,73,76,74,68,69,3,3,2,0,0,0,0,0,0,0,0,0,0,0,0,0,0,0,0,0,0,0,0,0,0,0
1	23	22	27	1,18,77,78,3,3,67,79,3,80,25,81,82,68,3,3,50,18,83,84,77,85,2,86,87,88,63,75,3,3,67,3,80,25,3,3,50,18,83,84,77,85,50,82,2,0,0,0,0,0,0,0,0,0,0,0,0,0,0,0,0,0,0,0,0,0,0,0,0
...	...	...	...	...

保存的字典文件内容见表14-11。

表14-11 保存的字典文件

word	token	word	token	word	token	word	token
<PAD>	0	amrozi	11	distorting	22	before	33
<SOS>	1	accused	12	evidence	23	selling	34
<EOS>	2	his	13	referring	24	chain	35
<NUM>	3	brother	14	to	25	safeway	36
<UNK>	4	whom	15	him	26	in	37
<MASK>	5	he	16	as	27	for	38
<Symbol6>	6	called	17	only	28	billion	39
<Symbol7>	7	the	18	yucaipa	29	bought	40
<Symbol8>	8	witness	19	owned	30	million	41
<Symbol9>	9	of	20	dominick	31	and	42
<Symbol10>	10	deliberately	21	s	...	...	...

14.3 PyTorch 提供的 Transformer 工具层介绍

BERT 使用了 Transformer 的编码器，在之前的章节我们手动构建了 Transformer 模型，手动构建的模型的代码量大，过程比较复杂。本章的主题是 BERT 模型，所以我们尽量剥离 Transformer 内部的实现细节，更多地关注 BERT 的计算过程。

在 PyTorch 当中提供了 Transformer 的一些工具层，能够帮助我们快速地构建 Transformer 模型，忽略 Transformer 实现的具体细节，接下来将详细介绍这些工具层。

1. 定义测试数据

首先需要虚拟一些数据，以进行后续的实验，代码如下：

```
#第14章/虚拟数据
import torch
#假设有两句话，8个词
x = torch.ones(2, 8)
#两句话中各有一些PAD
x[0, 6:] = 0
x[1, 7:] = 0
x
```

运行结果如下：

```
tensor([[1., 1., 1., 1., 1., 1., 0., 0.],
        [1., 1., 1., 1., 1., 1., 1., 0.]])
```

在这段代码中，虚拟了两句话，每句话包括8个词，每句话的末尾都有一些PAD，后续将使用这两句话进行一些实验。

2. 各个MASK的含义解释

在Transformer当中有几种MASK，用来遮挡数据中的某些不需要关注的位置。

第1个MASK是key_padding_mask，它的作用是遮挡数据中的PAD位置，防止Transformer把注意力浪费在PAD上，显然PAD是没有承载任何信息的，所以应该忽略语句中的PAD，定义key_padding_mask的代码如下：

```
#第14章/定义key_padding_mask
#key_padding_mask的定义方式，就是x中是pad的为True，否则是False
key_padding_mask = x == 0
key_padding_mask
```

运行结果如下：

```
tensor([[False, False, False, False, False, False,  True,  True],
        [False, False, False, False, False, False, False,  True]])
```

key_padding_mask的定义是根据语句中每个位置是否是PAD来确定的，如果是PAD，则是True，在计算注意力时会被忽略，否则是False，会被正常地计算注意力。

第2个MASK是encode_attn_mask，它定义了是否要忽略输入语句内某些词与词之间的注意力，一般来讲不需要忽略输入语句中的注意力，所以将encode_attn_mask定义为全False的矩阵即可，代码如下：

```
#第14章/定义encode_attn_mask
#在encode阶段不需要定义encode_attn_mask
#定义为None或者全False都可以
encode_attn_mask = torch.ones(8, 8) == 0
encode_attn_mask
```

运行结果如下：

```
tensor([[False, False, False, False, False, False, False, False],
        [False, False, False, False, False, False, False, False],
        [False, False, False, False, False, False, False, False],
        [False, False, False, False, False, False, False, False],
        [False, False, False, False, False, False, False, False],
        [False, False, False, False, False, False, False, False],
        [False, False, False, False, False, False, False, False],
        [False, False, False, False, False, False, False, False]])
```

可以看到，encode_attn_mask 是个全 False 的矩阵，由于全 False 也是 PyTorch 的 Transformer 工具层的默认值，所以 encode_attn_mask 也可以定义为 None，两者是等价的。

第 3 个 MASK 是 decode_attn_mask，它定义了是否要忽略输出语句内某些词与词之间的注意力，一般来讲在解码输出语句时，应该遮挡正确答案，防止模型直接照抄正确答案，导致模型的成绩虚高，代码如下：

```
#第14章/定义 decode_attn_mask
#在 decode 阶段需要定义 decode_attn_mask
#decode_attn_mask 的定义方式是对角线以上为 True 的上三角矩阵
decode_attn_mask = torch.tril(torch.ones(8, 8)) == 0
decode_attn_mask
```

运行结果如下：

```
tensor([[False, True, True, True, True, True, True, True],
        [False, False, True, True, True, True, True, True],
        [False, False, False, True, True, True, True, True],
        [False, False, False, False, True, True, True, True],
        [False, False, False, False, False, True, True, True],
        [False, False, False, False, False, False, True, True],
        [False, False, False, False, False, False, False, True],
        [False, False, False, False, False, False, False, False]])
```

可以看到 decode_attn_mask 是一个 8×8 的上三角矩阵，对角线以上的位置全为 True，其他位置为 False，这个 MASK 表达的含义是，在解码第 2 个词时，只能看到第 1 个词，看不到以后的词，在解码第 3 个词时，只能看到第 1 个和第 2 个词，看不到以后的词，以此类推，这样就避免了解码器直接从题目中照抄答案。

3. 编码数据

到目前为止，3 个 MASK 就定义好了，接下来可以对 x 编码，把每个词编码成词向量，代码如下：

```
#第14章/编码 x
x = x.unsqueeze(2)
```

```
x = x.expand(-1, -1, 12)
x, x.shape
```

运行结果如下：

```
(tensor([[[1., 1., 1., 1., 1., 1., 1., 1., 1., 1., 1., 1.],
          [1., 1., 1., 1., 1., 1., 1., 1., 1., 1., 1., 1.],
          [1., 1., 1., 1., 1., 1., 1., 1., 1., 1., 1., 1.],
          [1., 1., 1., 1., 1., 1., 1., 1., 1., 1., 1., 1.],
          [1., 1., 1., 1., 1., 1., 1., 1., 1., 1., 1., 1.],
          [1., 1., 1., 1., 1., 1., 1., 1., 1., 1., 1., 1.],
          [0., 0., 0., 0., 0., 0., 0., 0., 0., 0., 0., 0.],
          [0., 0., 0., 0., 0., 0., 0., 0., 0., 0., 0., 0.]],

         [[1., 1., 1., 1., 1., 1., 1., 1., 1., 1., 1., 1.],
          [1., 1., 1., 1., 1., 1., 1., 1., 1., 1., 1., 1.],
          [1., 1., 1., 1., 1., 1., 1., 1., 1., 1., 1., 1.],
          [1., 1., 1., 1., 1., 1., 1., 1., 1., 1., 1., 1.],
          [1., 1., 1., 1., 1., 1., 1., 1., 1., 1., 1., 1.],
          [1., 1., 1., 1., 1., 1., 1., 1., 1., 1., 1., 1.],
          [1., 1., 1., 1., 1., 1., 1., 1., 1., 1., 1., 1.],
          [0., 0., 0., 0., 0., 0., 0., 0., 0., 0., 0., 0.]]]),
 torch.Size([2, 8, 12]))
```

可以看到，x 中的每个词都被编码成了一个 12 维的向量。x 的维度被转换为 2×8×12，表示 2 句话、每句话 8 个词、每个词用 12 维的向量表示。

4. 多头注意力计算函数

在介绍 PyTorch 的 Transformer 工具层之前，首先来看 PyTorch 提供的多头注意力计算函数，在计算多头注意力时需要做两次线性变换，一次是对入参的 Q、K、V 矩阵分别做线性变换，另一次是计算完成以后，对注意力分数做线性变换，两次线性变换分别需要两组 weight 和 bias 参数，这里先把它们定义出来，代码如下：

```
#第14章/定义 multi_head_attention_forward()所需要的参数
#in_proj 就是 Q、K、V 线性变换的参数
in_proj_weight = torch.nn.Parameter(torch.randn(3 * 12, 12))
in_proj_bias = torch.nn.Parameter(torch.zeros((3 * 12)))
#out_proj 就是输出时做线性变换的参数
out_proj_weight = torch.nn.Parameter(torch.randn(12, 12))
out_proj_bias = torch.nn.Parameter(torch.zeros(12))
in_proj_weight.shape, in_proj_bias.shape, out_proj_weight.shape,
out_proj_bias.shape
```

运行结果如下：

```
(torch.Size([36, 12]),
 torch.Size([36]),
```

```
torch.Size([12, 12]),
torch.Size([12]))
```

定义好了两组线性变换的参数以后就可以调用多头注意力计算函数了，代码如下：

```
#第14章/使用工具函数计算多头注意力
data = {
    #因为不是batch_first的，所以需要进行变形
    'query': x.permute(1, 0, 2),
    'key': x.permute(1, 0, 2),
    'value': x.permute(1, 0, 2),
    'embed_dim_to_check': 12,
    'num_heads': 2,
    'in_proj_weight': in_proj_weight,
    'in_proj_bias': in_proj_bias,
    'bias_k': None,
    'bias_v': None,
    'add_zero_attn': False,
    'DropOut_p': 0.2,
    'out_proj_weight': out_proj_weight,
    'out_proj_bias': out_proj_bias,
    'key_padding_mask': key_padding_mask,
    'attn_mask': encode_attn_mask,
}
score, attn = torch.nn.functional.multi_head_attention_forward(**data)
score.shape, attn, attn.shape
```

运行结果如下：

```
(torch.Size([8, 2, 12]),
 tensor([[[0.2083, 0.2083, 0.2083, 0.2083, 0.1042, 0.2083, 0.0000, 0.0000],
         [0.1042, 0.1042, 0.2083, 0.2083, 0.2083, 0.0000, 0.0000, 0.0000],
         [0.2083, 0.2083, 0.1042, 0.2083, 0.2083, 0.1042, 0.0000, 0.0000],
         [0.2083, 0.2083, 0.1042, 0.2083, 0.2083, 0.2083, 0.0000, 0.0000],
         [0.1042, 0.1042, 0.1042, 0.2083, 0.1042, 0.2083, 0.0000, 0.0000],
         [0.2083, 0.1042, 0.1042, 0.2083, 0.2083, 0.2083, 0.0000, 0.0000],
         [0.2083, 0.2083, 0.2083, 0.1042, 0.2083, 0.2083, 0.0000, 0.0000],
         [0.1042, 0.2083, 0.1042, 0.1042, 0.2083, 0.2083, 0.0000, 0.0000]],
        [[0.0893, 0.0893, 0.1786, 0.1786, 0.1786, 0.1786, 0.1786, 0.0000],
         [0.0893, 0.1786, 0.1786, 0.1786, 0.0893, 0.1786, 0.0893, 0.0000],
         [0.1786, 0.0000, 0.1786, 0.0893, 0.1786, 0.0893, 0.1786, 0.0000],
         [0.1786, 0.0893, 0.1786, 0.1786, 0.1786, 0.1786, 0.1786, 0.0000],
         [0.1786, 0.0893, 0.0893, 0.1786, 0.1786, 0.0000, 0.1786, 0.0000],
         [0.1786, 0.1786, 0.1786, 0.0893, 0.0893, 0.0893, 0.1786, 0.0000],
         [0.1786, 0.1786, 0.1786, 0.0893, 0.0893, 0.0893, 0.1786, 0.0000],
```

```
          [0.0893, 0.1786, 0.0893, 0.1786, 0.1786, 0.1786, 0.1786, 0.0000]]],
       grad_fn=<DivBackward0>),
torch.Size([2, 8, 8]))
```

多头注意力计算函数需要的入参比较多，下面分别进行介绍。

（1）query、key、value：分别是计算注意力的 **Q**、**K**、**V** 矩阵，在上面的例子中都使用 x 计算，也就是说，我们计算的是自注意力。

（2）embed_dim_to_check：词向量编码的维度。

（3）num_heads：多头注意力的头数，这个数字必须可以整除词向量编码的维度。

（4）in_proj_weight、in_proj_bias：对 **Q**、**K**、**V** 矩阵做线性变换所使用的参数。

（5）bias_k、bias_v：是否要对 **K** 和 **V** 矩阵单独添加 bias，一般设置为 None 即可。

（6）add_zero_attn：如果设置为 True，则会在 **Q**、**K** 的注意力结果中单独加一列 0，一般设置为默认值 False 即可。

（7）DropOut_p：运行过程中所使用的 DropOut 概率。

（8）out_proj_weight、out_proj_bias：对注意力分数做线性变换所使用的参数。

（9）key_padding_mask：是否要忽略语句中的某些位置，一般只需忽略 PAD 的位置。

（10）attn_mask：是否要忽略每个词之间的注意力，在编码器中一般只用全 False 的矩阵，在解码器中一般使用对角线以上全 True 的矩阵。

从输出结果可以看出，在注意力矩阵中，所有词对 PAD 的注意力都是 0，这正是我们所期望的，注意力分数是一个 8×2×12 的矩阵。

5. 多头注意力层

完成了比较复杂的多头注意力计算函数，接下来看一下封装程度更高、使用更方便的多头注意力层，代码如下：

```
#第14章/使用多头注意力工具层
multihead_attention = torch.nn.MultiheadAttention(embed_dim=12,
                                                  num_heads=2,
                                                  DropOut=0.2,
                                                  batch_first=True)

data = {
    'query': x,
    'key': x,
    'value': x,
    'key_padding_mask': key_padding_mask,
    'attn_mask': encode_attn_mask,
}
score, attn = multihead_attention(**data)
score.shape, attn, attn.shape
```

运行结果如下：

```
(torch.Size([2, 8, 12]),
 tensor([[[0.2083, 0.2083, 0.2083, 0.2083, 0.2083, 0.1042, 0.0000, 0.0000],
         [0.2083, 0.1042, 0.2083, 0.2083, 0.0000, 0.2083, 0.0000, 0.0000],
         [0.2083, 0.2083, 0.2083, 0.1042, 0.1042, 0.2083, 0.0000, 0.0000],
         [0.2083, 0.2083, 0.0000, 0.2083, 0.2083, 0.2083, 0.0000, 0.0000],
         [0.2083, 0.1042, 0.1042, 0.0000, 0.2083, 0.2083, 0.0000, 0.0000],
         [0.2083, 0.1042, 0.2083, 0.2083, 0.1042, 0.2083, 0.0000, 0.0000],
         [0.2083, 0.1042, 0.2083, 0.2083, 0.2083, 0.2083, 0.0000, 0.0000],
         [0.2083, 0.2083, 0.2083, 0.1042, 0.2083, 0.2083, 0.0000, 0.0000]],
        [[0.1786, 0.0893, 0.0893, 0.1786, 0.0893, 0.1786, 0.1786, 0.0000],
         [0.1786, 0.1786, 0.1786, 0.1786, 0.1786, 0.1786, 0.1786, 0.0000],
         [0.1786, 0.0893, 0.0893, 0.0893, 0.0893, 0.1786, 0.0893, 0.0000],
         [0.0893, 0.0893, 0.0893, 0.0893, 0.0893, 0.0893, 0.1786, 0.0000],
         [0.1786, 0.1786, 0.0893, 0.1786, 0.1786, 0.1786, 0.1786, 0.0000],
         [0.1786, 0.0893, 0.0893, 0.1786, 0.1786, 0.1786, 0.1786, 0.0000],
         [0.1786, 0.0893, 0.1786, 0.1786, 0.1786, 0.0000, 0.0000, 0.0000],
         [0.1786, 0.1786, 0.1786, 0.1786, 0.1786, 0.1786, 0.1786, 0.0000]]],
       grad_fn=<DivBackward0>),
 torch.Size([2, 8, 8]))
```

多头注意力层初始化的参数和运算参数大多在多头注意力计算函数中出现过，它们表示的意思也相同。

参数 batch_first=True 表示输入的语句 Batch Size 在第一维度，这样输入和输出的形状都和 x 的定义一致，不需要再做额外的变形。

由于多头注意力层是一个神经网络层，它封装了输入和输出的线性计算的参数，所以不需要再额外指定。

从输出的注意力矩阵来看，也同样忽略了对语句中所有 PAD 的注意力。

6. 编码器层

接下来是编码器层，代码如下：

```
#第14章/使用单层编码器工具层
encoder_layer = torch.nn.TransformerEncoderLayer(
    d_model=12,
    nhead=2,
    dim_feedforward=24,
    DropOut=0.2,
    activation=torch.nn.functional.ReLU,
    batch_first=True,
    norm_first=True)
data = {
    'src': x,
    'src_mask': encode_attn_mask,
```

```
    'src_key_padding_mask': key_padding_mask,
}
out = encoder_layer(**data)
out.shape
```

运行结果如下：

```
torch.Size([2, 8, 12])
```

编码器层初始化时的参数列表如下。

（1）d_mode：词向量编码的维度。

（2）nhead：多头注意力的头数，这个数字必须可以整除词向量编码的维度。

（3）dim_feedforward：在内部计算线性变换时，投影空间的维度。

（4）DropOut：内部计算时 DropOut 的概率。

（5）activation：内部计算时使用的激活函数。

（6）batch_first：输入语句的第一维度是否是 batch_size。

（7）norm_first：PyTorch 的 Transformer 工具层同样支持标准化层前置的计算方法，通过该参数指定即可。

编码器层计算时的参数列表如下。

（1）src：已经被编码的输入语句。

（2）src_mask：定义是否要忽略词与词之间的注意力，即 encode_attn_mask。

（3）src_key_padding_mask：定义语句中哪些位置是 PAD，以忽略对 PAD 的注意力，即 key_padding_mask。

在 Transformer 模型中，多个编码器层串联在一起就成了编码器，在 PyTorch 当中提供了编码器层，代码如下：

```
#第14章/使用编码器工具层
encoder = torch.nn.TransformerEncoder(
    encoder_layer=encoder_layer,
    num_layers=3,
    norm=torch.nn.LayerNorm(normalized_shape=12))
data = {
    'src': x,
    'mask': encode_attn_mask,
    'src_key_padding_mask': key_padding_mask,
}
out = encoder(**data)
out.shape
```

运行结果如下：

```
torch.Size([2, 8, 12])
```

编码器初始化时的参数列表如下。

（1）encoder_layer：要使用的编码器层。

（2）num_layers：使用几层的编码器层串联。

（3）norm：要使用的标准化层实现。

编码器计算时的参数列表和编码器层的参数列表相同。

7. 解码器层

接下来看解码器层，虽然在 BERT 模型当中不会用到 Transformer 的解码器，但出于内容的完整性，会把 PyTorch 提供的 Transformer 工具层都进行介绍。使用解码器层的示例代码如下：

```
#第14章/使用单层解码器工具层
decoder_layer = torch.nn.TransformerDecoderLayer(
    d_model=12,
    nhead=2,
    dim_feedforward=24,
    DropOut=0.2,
    activation=torch.nn.functional.ReLU,
    batch_first=True,
    norm_first=True)
data = {
    'tgt': x,
    'memory': x,
    'tgt_mask': decode_attn_mask,
    'memory_mask': encode_attn_mask,
    'tgt_key_padding_mask': key_padding_mask,
    'memory_key_padding_mask': key_padding_mask,
}
out = decoder_layer(**data)
out.shape
```

运行结果如下：

```
torch.Size([2, 8, 12])
```

解码器初始化时的参数列表和编码器层的相同，表达的意思也都相同。

解码器计算时的参数列表如下。

（1）tgt：解码输出的目标语句，即 target。

（2）memory：编码器的编码结果，也就是解码器解码时的根据数据。

（3）tgt_mask：定义是否要忽略词与词之间的注意力，即 decode_attn_mask。

（4）memory_mask：定义是否要忽略 memory 内的部分词与词之间的注意力，一般不需要忽略。

（5）tgt_key_padding_mask：定义 target 内哪些位置是 PAD，以忽略对 PAD 的注意力。

（6）memory_key_padding_mask：定义 memory 内哪些位置是 PAD，以忽略对 PAD 的注意力。

和编码器一样，同样存在解码器，使用的示例代码如下：

```
#第14章/使用编码器工具层
decoder = torch.nn.TransformerDecoder(
    decoder_layer=decoder_layer,
    num_layers=3,
    norm=torch.nn.LayerNorm(normalized_shape=12))
data = {
    'tgt': x,
    'memory': x,
    'tgt_mask': decode_attn_mask,
    'memory_mask': encode_attn_mask,
    'tgt_key_padding_mask': key_padding_mask,
    'memory_key_padding_mask': key_padding_mask,
}
out = decoder(**data)
out.shape
```

运行结果如下：

```
torch.Size([2, 8, 12])
```

解码器初始化时的参数列表和编码器的相同，表达的意思也都相同。

解码器计算时的参数列表和解码器层的相同，表达的意思也都相同。

8. 完整的 Transformer 模型

最后，PyTorch 提供了完整的 Transformer 模型，使用的代码如下：

```
#第14章/使用 Transformer 工具模型
transformer = torch.nn.Transformer(d_model=12,
                            nhead=2,
                            num_encoder_layers=3,
                            num_decoder_layers=3,
                            dim_feedforward=24,
                            DropOut=0.2,
                            activation=torch.nn.functional.ReLU,
                            custom_encoder=encoder,
                            custom_decoder=decoder,
                            batch_first=True,
                            norm_first=True)
data = {
    'src': x,
    'tgt': x,
```

```
    'src_mask': encode_attn_mask,
    'tgt_mask': decode_attn_mask,
    'memory_mask': encode_attn_mask,
    'src_key_padding_mask': key_padding_mask,
    'tgt_key_padding_mask': key_padding_mask,
    'memory_key_padding_mask': key_padding_mask,
}
out = transformer(**data)
out.shape
```

运行结果如下:

```
torch.Size([2, 8, 12])
```

Transformer 模型初始化时的参数列表很多在前面已经介绍过,这里只介绍几个特殊的参数。

(1)custom_encoder:要使用的编码器,如果指定为 None,则会使用默认的编码器层堆叠 num_encoder_layers 层组成编码器。

(2)custom_decoder:要使用的解码器,如果指定为 None,则会使用默认的解码器层堆叠 num_decoder_layers 层组成解码器。

Transformer 模型计算时的参数基本在前面已经看到过,这里不再赘述。

14.4 手动实现 BERT 模型

做完了前期的准备工作,掌握了必要的储备知识以后,就可以开始着手实现 BERT 模型了。

14.4.1 准备数据集

1. 读取字典

首先读取字典,代码如下:

```
#第14章/读取字典
import pandas as pd
vocab = pd.read_csv('data/msr_paraphrase_vocab.csv', index_col='word')
vocab_r = pd.read_csv('data/msr_paraphrase_vocab.csv', index_col='token')
vocab, vocab_r
```

运行结果如下:

```
(            token
 word
 <PAD>           0
```

```
<SOS>          1
<EOS>          2
<NUM>          3
<UNK>          4
...          ...
eastbound    14784
clouds       14785
repave       14786
complained   14787
dominate     14788
[14789 rows x 1 columns],
           word
token
0            <PAD>
1            <SOS>
2            <EOS>
3            <NUM>
4            <UNK>
...          ...
14784    eastbound
14785      clouds
14786      repave
14787   complained
14788     dominate
[14789 rows x 1 columns])
```

同一份字典被读取了两次，分别为词到索引的字典和索引到词的字典，在后续的计算中这两份字典都有用处。

2. 读取数据集

接下来把本次任务中要用到的数据集定义出来，代码如下：

```python
#第14章/定义数据集
import torch
class MsrDataset(torch.utils.data.Dataset):
    def __init__(self):
        data = pd.read_csv('data/msr_paraphrase_data.csv')
        self.data = data
    def __len__(self):
        return len(self.data)
    def __getitem__(self, i):
        return self.data.iloc[i]
dataset = MsrDataset()
len(dataset), dataset[0]
```

运行结果如下：

```
(5801,
 same                                        1
 s1_lens                                    16
 s2_lens                                    17
 pad_lens                                   39
 sent         1,11,12,13,14,15,16,17,18,19,20,21,22,13,23,2,...
 Name: 0, dtype: object)
```

由于前期数据的处理工作已经完成，所以这里所需要做的工作就很少了，只需读取处理好的数据。从输出来看，共有 5801 条数据，每条数据中包括 5 个字段。

3. 定义数据整理函数

接下来需要定义数据整理函数，代码如下：

```
#第14章/定义数据整理函数
import numpy as np
def collate_fn(data):
    #取出数据
    same = [i['same'] for i in data]
    sent = [i['sent'] for i in data]
    s1_lens = [i['s1_lens'] for i in data]
    s2_lens = [i['s2_lens'] for i in data]
    pad_lens = [i['pad_lens'] for i in data]
    seg = []
    for i in range(len(sent)):
        #scg 的形状和 sent 一样，但是内容不一样
        #补 PAD 的位置是 0，s1 的位置是 1，s2 的位置是 2
        seg.append([1] * s1_lens[i] + [2] * s2_lens[i] + [0] * pad_lens[i])
    #sent 由字符型转换为 list
    sent = [np.array(i.split(','), dtype=np.int) for i in sent]
    same = torch.LongTensor(same)
    sent = torch.LongTensor(sent)
    seg = torch.LongTensor(seg)
    return same, sent, seg
collate_fn([dataset[0], dataset[1]])
```

运行结果如下：

```
(tensor([1,0]),
tensor([[1,11,12,13,14,15,16,17,18,19,20,21,22,13,23,2,24,25,
         26,27,28,18,19,11,12,13,14,20,21,22,13,23,2,0,0,0,
         0,0,0,0,0,0,0,0,0,0,0,0,0,0,0,0,0,0,
         0,0,0,0,0,0,0,0,0,0,0,0,0,0,0,0,0,0],
        [1,29,30,31,32,33,34,18,35,25,36,37,3,38,3,3,39,2,
```

```
        29,40,31,32,37,3,38,3,41,42,43,44,25,36,38,3,3,39,
        37,3,2,0,0,0,0,0,0,0,0,0,0,0,0,0,0,0,0,0,
        0,0,0,0,0,0,0,0,0,0,0,0,0,0,0,0,0,0,0]]),
tensor([[[1,1,1,1,1,1,1,1,1,1,1,1,1,1,1,1,1,2,2,2,2,2,2,2,2,
        2,2,2,2,2,2,2,2,2,0,0,0,0,0,0,0,0,0,0,0,0,0,0,
        0,0,0,0,0,0,0,0,0,0,0,0,0,0,0,0,0,0,0,0,0,0,0],
       [1,1,1,1,1,1,1,1,1,1,1,1,1,1,1,1,1,1,2,2,2,2,2,2,
        2,2,2,2,2,2,2,2,2,2,2,2,2,2,0,0,0,0,0,0,0,0,0,
        0,0,0,0,0,0,0,0,0,0,0,0,0,0,0,0,0,0,0,0,0,0]]]))
```

在数据整理函数中，需要把一批数据整理为矩阵格式，并且要根据每条数据生成对应的 seg 数据，seg 表示 Segment，它体现了在一条数据中哪些位置属于第一句话，哪些位置属于第二句话，以及哪些位置是 PAD，在后续 BERT 中的计算需要用到 seg 数据。

4. 定义数据集加载器

现在可以定义数据集加载器了，代码如下：

```
#第14章/定义数据集加载器
loader = torch.utils.data.DataLoader(dataset=dataset,
                                     batch_size=32,
                                     shuffle=True,
                                     drop_last=True,
                                     collate_fn=collate_fn)
len(loader)
```

运行结果如下：

```
181
```

可见，共有 181 个批次的数据，这个数据量太小，不足以训练一个具有普遍理解力的 BERT 模型，不过在本章中仅对 BERT 计算过程进行示例，使用该数据集已经足够。

5. 查看数据样例

接下来可以查看数据的样例，代码如下：

```
#第14章/查看数据样例
for i, (same, sent, seg) in enumerate(loader):
    break
same, sent.shape, seg.shape, sent[0], seg[0]
```

运行结果如下：

```
(tensor([1,0,0,1,1,0,1,1,1,1,1,0,1,1,0,1,1,1,0,1,1,1,1,1,
        0,1,1,1,1,1,0,1]),
torch.Size([32,72]),
torch.Size([32,72]),
tensor([1,1024,88,590,908,359,10694,18,188,37,
```

```
        69,2305,20,744,1024,880,3339,13538,38,620,
        1234,2,1024,500,820,18,188,37,69,1339,
        802,20,3339,13538,38,620,880,787,13539,2,
        0,0,0,0,0,0,0,0,0,0,0,
        0,0,0,0,0,0,0,0,0,0,0,
        0,0,0,0,0,0,0,0,0,0,0,
        0,0]),
tensor([1,1,1,1,1,1,1,1,1,1,1,1,1,1,1,1,1,1,1,1,1,1,1,1,2,2,
        2,2,2,2,2,2,2,2,2,2,2,2,2,2,2,0,0,0,0,0,0,0,0,
        0,0,0,0,0,0,0,0,0,0,0,0,0,0,0,0,0,0,0,0,0,0,0,0,0]))
```

可以看到 same 中的数据取值只有 0 和 1 两种情况，标识了一条数据中两句话表达的意思是否相同。

sent 表示 Sentence，即句子数据。

seg 表示 Segment，即段信息。

14.4.2　定义辅助函数

1. 定义随机替换函数

接下来需要定义 random_replace()函数，该函数的作用是能够随机地将一条数据中的某些词替换为 MASK，也就是给 BERT 模型出题，BERT 需要预测出这些 MASK 原本的词，代码如下：

```
#第14章/定义随机替换函数
import random
def random_replace(sent):
    #sent = [b, 72]
    #不影响原来的 sent
    sent = sent.clone()
    #替换矩阵，形状和 sent 一样，被替换过的位置是 True，其他位置是 False
    replace = sent == -1
    #遍历所有的词
    for i in range(len(sent)):
        for j in range(len(sent[i])):
            #如果是符号就不操作了，只替换词
            if sent[i, j] <= 10:
                continue
            #以 0.15 的概率进行操作
            if random.random() > 0.15:
                pass
            #对被操作过的位置进行标记，这里的操作包括什么也不做
            replace[i, j] = True
            #分概率做不同的操作
```

```
            p = random.random()
            #以0.8的概率替换为MASK
            if p < 0.8:
                sent[i, j] = vocab.loc['<MASK>'].token
            #以0.1的概率不替换
            elif p < 0.9:
                continue
            #以0.1的概率替换成随机词
            else:
                #随机生成一个不是符号的词
                rand_word = 0
                while rand_word <= 10:
                    rand_word = random.randint(0, len(vocab) - 1)
                sent[i, j] = rand_word
    return sent, replace
replace_sent, replace = random_replace(sent)
replace_sent[replace]
```

运行结果如下:

```
tensor([   5, 7257,    5, ...,    5,    5,    5])
```

从代码实现能够看出，被输入 random_replace()函数的所有句子会被遍历每个词，每个词都有15%的概率被替换，而替换也不仅有替换为 MASK 这一种情况。

在被判定为当前词要替换后，该词有80%的概率被替换为 MASK，有10%的概率被替换为一个随机词，有10%的概率不替换为任何词。

使用一个矩阵记录下每个词是否被操作过，这里的操作包括什么也不做。

以上过程可以总结为图 14-2。

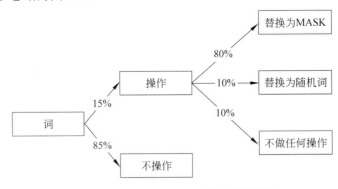

图 14-2   random_replace()函数替换词流程

2. 定义 MASK 函数

在 BERT 中需要用到 MASK，这里先定义获取 MASK 的函数，方便后续的调用，代码如下:

```
#第14章/定义获取MASK的函数
def get_mask(seg):
    #key_padding_mask的定义方式为句子中PAD的位置为True，否则为False
    key_padding_mask = seg == 0
    #在encode阶段不需要定义encode_attn_mask
    #定义为None或者全False都可以
    encode_attn_mask = torch.ones(72, 72) == -1
    return key_padding_mask, encode_attn_mask
key_padding_mask, encode_attn_mask = get_mask(seg)
key_padding_mask.shape, encode_attn_mask.shape, key_padding_mask[
    0], encode_attn_mask
```

运行结果如下：

```
(torch.Size([32,72]),
torch.Size([72,72]),
tensor([False,False,False,False,False,False,False,False,False,False,
        False,False,False,False,False,False,False,False,False,False,
        False,False,False,False,False,False,False,False,False,False,
        False,False,False,False,False,False,False,False,False,False,
        False,False,False,False,False,False,False,False,False,True,
        True,True,True,True,True,True,True,True,True,True,
        True,True,True,True,True,True,True,True,True,True,
        True,True]),
tensor([[False,False,False,…,False,False,False],
        [False,False,False,…,False,False,False],
        [False,False,False,…,False,False,False],
        ...,
        [False,False,False,…,False,False,False],
        [False,False,False,…,False,False,False],
        [False,False,False,…,False,False,False]]))
```

14.4.3 定义BERT模型

做完以上准备工作，现在就可以定义BERT模型了，代码如下：

```
#第14章/定义模型
class BERTModel(torch.nn.Module):
    def __init__(self):
        super().__init__()
        #定义词向量编码层
        self.sent_embed = torch.nn.Embedding(num_embeddings=len(vocab),
                                             embedding_dim=256)
        #定义seg编码层
```

```python
        self.seg_embed = torch.nn.Embedding(num_embeddings=3,
                                       embedding_dim=256)
        #定义位置编码层
        self.position_embed = torch.nn.Parameter(torch.randn(72, 256) / 10)
        #定义编码层
        encoder_layer = torch.nn.TransformerEncoderLayer(d_model=256,
                                              nhead=4,
                                              dim_feedforward=256,
                                              DropOut=0.2,
                                              activation='ReLU',
                                              batch_first=True,
                                              norm_first=True)
        #定义标准化层
        norm = torch.nn.LayerNorm(normalized_shape=256,
                              elementwise_affine=True)
        #定义编码器
        self.encoder=torch.nn.TransformerEncoder(encoder_layer=encoder_layer,
                                           num_layers=4,
                                           norm=norm)
        #定义 same 输出层
        self.fc_same = torch.nn.Linear(in_features=256, out_features=2)
        #定义 sent 输出层
        self.fc_sent = torch.nn.Linear(in_features=256,
                               out_features=len(vocab))
    def forward(self, sent, seg):
        #sent -> [b, 72]
        #seg -> [b, 72]
        #获取 MASK
        #[b, 72] -> [b, 72],[72, 72]
        key_padding_mask, encode_attn_mask = get_mask(seg)
        #编码，添加位置信息
        #[b, 72] -> [b, 72, 256]
        embed = self.sent_embed(sent) + self.seg_embed(
            seg) + self.position_embed
        #编码器计算
        #[b, 72, 256] -> [b, 72, 256]
        memory = self.encoder(src=embed,
                        mask=encode_attn_mask,
                        src_key_padding_mask=key_padding_mask)
        #计算输出，same 的输出使用第 0 个词的信息计算
        #[b, 256] -> [b, 2]
        same = self.fc_same(memory[:, 0])
        #[b, 72, 256] -> [b, 72, V]
```

```
        sent = self.fc_sent(memory)
        return same, sent
model = BERTModel()
pred_same, pred_sent = model(sent, seg)
pred_same.shape, pred_sent.shape
```

运行结果如下：

```
(torch.Size([32, 2]), torch.Size([32, 72, 14789]))
```

可以看到，在 BERT 模型中使用了 3 个编码层，分别是一般的词编码、Segment 编码和位置编码，最终的编码为这 3 个编码的累加，这和本章开头时所描述的 BERT 模型的架构一致。

编码之后的句子会被送入编码器抽取文本特征，这里使用的编码器是由 PyTorch 提供的 Transformer 编码器。

BERT 在训练阶段有两个子任务，分别为预测两句话的意思是否一致，以及被遮掩的词的原本的词。把编码器抽取的文本特征分别输入两个线性神经网络，并且以此计算这两个输出。

值得注意的是，在计算 same 的输出时使用的不是全量的文本特征信息，而是只使用了第 1 个词的特征信息，每条数据的第 1 个词必然是特殊符号<SOS>，这原本是没有意义的词，但由于注意力计算的原因，可以认为在这个词上也包括了整句话的信息，所以使用该词直接计算 same 的输出是可行的。

这也是为什么在之前的章节中使用 BERT 模型抽取文本特征，再做分类预测时只使用第 1 个词的特征做分类的原因。

14.4.4 训练和测试

1. 训练

定义好了模型，现在可以进行训练了，代码如下：

```
#第14章/训练
def train():
    loss_func = torch.nn.CrossEntropyLoss()
    optim = torch.optim.Adam(model.parameters(), lr=1e-4)
    for epoch in range(2000):
        for i, (same, sent, seg) in enumerate(loader):
            #same = [b]
            #sent = [b, 72]
            #seg = [b, 72]
            #随机替换x中的某些字符，replace为是否被操作过的矩阵，这里的操作包括不替换
            #replace_sent = [b, 72]
            #replace = [b, 72]
```

```
        replace_sent, replace = random_replace(sent)
        #模型计算
        #[b, 72],[b, 72] -> [b, 2],[b, 72, V]
        pred_same, pred_sent = model(replace_sent, seg)
        #只把被操作过的字提取出来
        #[b, 72, V] -> [replace, V]
        pred_sent = pred_sent[replace]
        #把被操作之前的字提取出来
        #[b, 72] -> [replace]
        sent = sent[replace]
        #计算两份loss，再加权求和
        loss_same = loss_func(pred_same, same)
        loss_sent = loss_func(pred_sent, sent)
        loss = loss_same * 0.01 + loss_sent
        loss.backward()
        optim.step()
        optim.zero_grad()
        if epoch % 5 == 0:
            #计算same预测正确率
            pred_same = pred_same.argmax(dim=1)
            acc_same = (same == pred_same).sum().item() / len(same)
            #计算替换词预测正确率
            pred_sent = pred_sent.argmax(dim=1)
            acc_sent = (sent == pred_sent).sum().item() / len(sent)
            print(epoch, i, loss.item(), acc_same, acc_sent)
train()
```

在这段代码中，每次获取一批数据并随机遮掩其中的部分词，再让 BERT 模型预测这些被遮掩的词的原本的词，在这个过程中不断训练 BERT 对自然语言的理解能力。

由于 BERT 有两个子任务，所以会计算出两份 loss，最终的 loss 对这两份 loss 加权求和即可。

训练过程的输出见表 14-12，从输出的情况可以看出，loss 是在不断下降的，两份正确率也在不断地提高。

表 14-12　训练过程输出

epoch	step	loss	same acc	sent acc	epoch	step	loss	same acc	sent acc
0	180	7.58398	0.71875	0.05202	100	180	5.17122	0.78125	0.13514
20	180	6.63127	0.68750	0.09375	120	180	4.50068	0.81250	0.20290
40	180	6.34434	0.81250	0.11518	140	180	4.34125	0.87500	0.20792
60	180	5.64973	0.78125	0.14286	160	180	4.08258	0.87500	0.21591
80	180	4.93949	0.84375	0.16860	180	180	3.90146	0.90625	0.23429

续表

epoch	step	loss	same acc	sent acc	epoch	step	loss	same acc	sent acc
200	180	3.83395	0.87500	0.22414	880	180	1.94507	0.93750	0.61628
220	180	3.84331	0.93750	0.20707	900	180	1.75951	1.00000	0.62176
240	180	3.67643	0.90625	0.24631	920	180	1.97357	1.00000	0.57732
260	180	3.90984	0.96875	0.20093	940	180	2.11031	0.93750	0.55779
280	180	3.56115	0.90625	0.26108	960	180	1.87169	0.96875	0.55051
300	180	3.05883	0.96875	0.27513	980	180	1.75817	1.00000	0.59184
320	180	3.06491	0.96875	0.34831	1000	180	1.83293	0.93750	0.57803
340	180	3.32385	0.90625	0.29944	1020	180	1.50954	0.96875	0.66857
360	180	3.00811	0.96875	0.32886	1040	180	1.35544	1.00000	0.65385
380	180	2.64473	0.96875	0.43269	1060	180	1.68520	0.96875	0.62564
400	180	2.58936	1.00000	0.44910	1080	180	1.69879	0.96875	0.62632
420	180	2.70327	0.93750	0.40291	1100	180	1.83533	0.96875	0.57062
440	180	2.69345	0.93750	0.41872	1120	180	1.65112	0.96875	0.60638
460	180	2.92502	0.93750	0.42500	1140	180	1.56251	0.93750	0.61353
480	180	2.66871	0.96875	0.42162	1160	180	1.63676	1.00000	0.63131
500	180	2.43973	0.90625	0.46411	1180	180	1.46116	1.00000	0.66049
520	180	2.65120	0.93750	0.44068	1200	180	1.23906	1.00000	0.70109
540	180	2.69198	0.93750	0.44134	1220	180	1.39012	1.00000	0.67222
560	180	2.40996	0.96875	0.52542	1240	180	1.39782	0.96875	0.64021
580	180	2.38567	1.00000	0.47644	1260	180	1.39717	0.90625	0.64467
600	180	2.69237	1.00000	0.43605	1280	180	1.43032	1.00000	0.63429
620	180	2.03100	0.93750	0.55914	1300	180	1.27220	0.96875	0.67539
640	180	2.36654	1.00000	0.48969	1320	180	1.58880	1.00000	0.63095
660	180	2.36337	1.00000	0.43820	1340	180	1.48735	1.00000	0.62903
680	180	2.28196	0.96875	0.47150	1360	180	1.14523	0.93750	0.72626
700	180	2.31555	0.90625	0.49689	1380	180	1.19173	0.96875	0.73714
720	180	2.07190	0.96875	0.51064	1400	180	1.11396	1.00000	0.69143
740	180	2.04343	0.96875	0.52000	1420	180	1.64538	0.96875	0.60938
760	180	2.17248	1.00000	0.49080	1440	180	1.31935	0.96875	0.66667
780	180	2.13978	0.96875	0.52198	1460	180	1.15395	1.00000	0.70556
800	180	1.69479	1.00000	0.59459	1480	180	1.44891	1.00000	0.65363
820	180	2.08911	0.96875	0.55367	1500	180	1.08480	0.96875	0.77320
840	180	2.01237	0.96875	0.54598	1520	180	1.05677	0.96875	0.71910
860	180	1.80500	0.93750	0.57513	1540	180	1.04956	1.00000	0.75449

续表

epoch	step	loss	same acc	sent acc	epoch	step	loss	same acc	sent acc
1560	180	1.12194	0.96875	0.72258	1780	180	0.84427	1.00000	0.81818
1580	180	1.17885	1.00000	0.70698	1800	180	0.92092	0.96875	0.70833
1600	180	1.12019	1.00000	0.71038	1820	180	0.78610	0.96875	0.77295
1620	180	1.08534	0.96875	0.72527	1840	180	1.08648	1.00000	0.71006
1640	180	1.33103	0.96875	0.66667	1860	180	0.74621	0.96875	0.79310
1660	180	0.83967	0.96875	0.81287	1880	180	1.22546	0.96875	0.73864
1680	180	0.89498	0.96875	0.74742	1900	180	1.08645	1.00000	0.69512
1700	180	0.93371	1.00000	0.74866	1920	180	0.73054	0.96875	0.79235
1720	180	0.85280	1.00000	0.75824	1940	180	1.19517	0.96875	0.76329
1740	180	0.82760	1.00000	0.78756	1960	180	0.98869	1.00000	0.75916
1760	180	1.02081	0.96875	0.76440	1980	180	0.85960	1.00000	0.79500

BERT 模型的训练需要大数据量和大计算力，由于数据量太少，模型已经被训练得过拟合了。作为一个示例程序，主要的目的是演示 BERT 的计算流程。

2. 测试

训练结束后，可以对模型进行测试，以验证训练的有效性。

为了便于测试，定义两个工具函数，第 1 个是能够把 Tensor 转换为字符串的工具函数，代码如下：

```
#第14章/定义工具函数，把Tensor转换为字符串
def tensor_to_str(tensor):
    #转换为list格式
    tensor = tensor.tolist()
    #过滤掉PAD
    tensor = [i for i in tensor if i != vocab.loc['<PAD>'].token]
    #转换为词
    tensor = [vocab_r.loc[i].word for i in tensor]
    #转换为字符串
    return ' '.join(tensor)
tensor_to_str(sent[0])
```

运行结果如下：

```
'<SOS> among three major candidates schwarzenegger is wining the battle for
independents and crossover voters <EOS> schwarzenegger picks up more independents
and crossover voters than bustamante <EOS>'
```

这段代码比较简单，就是把 Tensor 中的各个数字使用字典转换为词即可。

第 2 个工具函数是打印预测结果，代码如下：

```
#第14章/定义工具函数，打印预测结果
def print_predict(same, pred_same, replace_sent, sent, pred_sent, replace):
    #输出 same 预测结果
    same = same[0].item()
    pred_same = pred_same.argmax(dim=1)[0].item()
    print('same=', same, 'pred_same=', pred_same)
    print()
    #输出句子替换词的预测结果
    replace_sent = tensor_to_str(replace_sent[0])
    sent = tensor_to_str(sent[0][replace[0]])
    pred_sent = tensor_to_str(pred_sent.argmax(dim=2)[0][replace[0]])
    print('replace_sent=', replace_sent)
    print()
    print('sent=', sent)
    print()
    print('pred_sent=', pred_sent)
    print()
    print('------------------------------------')
print_predict(same, torch.randn(32, 2), replace_sent, sent,
              torch.randn(32, 72, 100), replace)
```

运行结果如下：

```
same= 0 pred_same= 1
replace_sent= <SOS> among three major candidates schwarzenegger is wining the
battle for independents and crossover <MASK><EOS> schwarzenegger picks up more
independents <MASK> crossover <MASK> than bustamante <EOS>
sent= voters and voters
pred_sent= before hanging distorting
------------------------------------
```

这段代码同样比较简单，即输出真实的 same 和预测的 same，并输出原句子，以及输出真实的被遮掩的词和预测的被遮掩的词。

定义好上面两个工具函数以后，就可以进行测试了，代码如下：

```
#第14章/测试
def test():
    model.eval()
    correct_same = 0
    total_same = 0
    correct_sent = 0
    total_sent = 0
    for i, (same, sent, seg) in enumerate(loader):
        #测试 5 个批次
```

```
            if i == 5:
                break
        #same = [b]
        #sent = [b, 72]
        #seg = [b, 72]
        #随机替换 x 中的某些字符，replace 为是否被操作过的矩阵，这里的操作包括不替换
        #replace_sent = [b, 72]
        #replace = [b, 72]
        replace_sent, replace = random_replace(sent)
        #模型计算
        #[b, 72],[b, 72] -> [b, 2],[b, 72, V]
        with torch.no_grad():
            pred_same, pred_sent = model(replace_sent, seg)
        #输出预测结果
        print_predict(same, pred_same, replace_sent, sent, pred_sent, replace)
        #只把被操作过的字提取出来
        #[b, 72, V] -> [replace, V]
        pred_sent = pred_sent[replace]
        #把被操作之前的字取出来
        #[b, 72] -> [replace]
        sent = sent[replace]
        #计算 same 的预测正确率
        pred_same = pred_same.argmax(dim=1)
        correct_same += (same == pred_same).sum().item()
        total_same += len(same)
        #计算替换词的预测正确率
        pred_sent = pred_sent.argmax(dim=1)
        correct_sent += (sent == pred_sent).sum().item()
        total_sent += len(sent)
    print(correct_same / total_same)
    print(correct_sent / total_sent)
test()
```

运行结果如下：

```
same= 1 pred_same= 1
replace_sent= <SOS> this individual s lawyers are trying <MASK> obtain from
the court a free pass to download or upload music online illegally <EOS> her lawyers
are trying to obtain a <MASK> pass <MASK><MASK><MASK> upload <MASK><MASK> line
illegally <EOS>
sent= to free to download or upload music on
pred_sent= to free or download or upload music or
------------------------------------
same= 1 pred_same= 1
```

```
    replace_sent= <SOS> a federal <MASK> court yesterday reinstated <MASK> charges
against a san diego student accused of lying about his association <MASK><NUM><NUM>
hijackers <EOS> a u s appeals court in <MASK> york <MASK> perjury charges against
a grossmont college student accused of lying about his knowledge of two of the
sept <NUM> hijackers <EOS>
    sent= appeals perjury his with new reinstated knowledge hijackers
    pred_sent= appeals perjury his with new reinstated knowledge hijackers
    ---------------------------------------
    same= 0 pred_same= 0
    replace_sent= <SOS> he said <MASK> president bush s <MASK> clean <MASK> act
amendment called the <MASK> skies initiative would result in miami efficiency and
therefore less pollution <EOS> he said that <MASK> allowing power companies more
flexibility the <MASK><MASK> initiative would result in greater <MASK> and
therefore <MASK> pollution <EOS>
    sent= that proposed air clear greater by clear skies efficiency less
    pred_sent= that proposed power result greater president result skies
efficiency less
    ---------------------------------------
    same= 0 pred_same= 0
    replace_sent= <SOS> currently <MASK> state s congressional delegation is made
up of <NUM> democrats and <NUM> republicans <EOS><MASK> used now hold every <MASK>
office the state s <MASK> delegation comprises <NUM> democrats and <NUM>
republicans <EOS>
    sent= the although republicans statewide congressional
    pred_sent= the republicans republicans statewide congressional
    ---------------------------------------
    same= 1 pred_same= 1
    replace_sent= <SOS> the survey medicine found that executives <MASK> feel that
current economic conditions have improved rose to <NUM> per cent from <NUM> per
cent last quarter <EOS> the survey also found that more executives feel that current
economic conditions have improved at <NUM> per <MASK> compared to <NUM> per cent
in the <MASK> quarter <EOS>
    sent= also who to cent first
    pred_sent= were who to cent first
    ---------------------------------------
    1.0
    0.87995337995338
```

从输出结果可以看出，在本次测试中模型对数据的拟合能力很强，对 same 的预测正确率达到了 100%，对被遮掩的词的预测正确率也达到了 87%以上，但如前所述，这其实是一个过拟合的结果，实际训练 BERT 时需要更大的数据量来缓解过拟合。

14.5　小结

本章介绍了BERT模型的设计思路,并通过一个示例程序演示了BERT模型的计算过程,通过本章的学习,读者应该能够理解BERT模型设计的思路和计算的原理。

由于训练数据量较少,模型被训练得过拟合了,要缓解过拟合,可以通过增加数据量的方法实现,不过这会进一步增加计算的负担,完整的BERT模型的训练需要大数据量和大算力,所以无论是出于保护环境的角度,还是降低项目风险的角度,都建议使用预训练的BERT模型。

图 书 推 荐

书　名	作　者
HarmonyOS 应用开发实战（JavaScript 版）	徐礼文
HarmonyOS 原子化服务卡片原理与实战	李洋
鸿蒙操作系统开发入门经典	徐礼文
鸿蒙应用程序开发	董昱
鸿蒙操作系统应用开发实践	陈美汝、郑森文、武延军、吴敬征
HarmonyOS 移动应用开发	刘安战、余雨萍、李勇军 等
HarmonyOS App 开发从 0 到 1	张诏添、李凯杰
HarmonyOS 从入门到精通 40 例	戈帅
JavaScript 基础语法详解	张旭乾
华为方舟编译器之美——基于开源代码的架构分析与实现	史宁宁
Android Runtime 源码解析	史宁宁
鲲鹏架构入门与实战	张磊
鲲鹏开发套件应用快速入门	张磊
华为 HCIA 路由与交换技术实战	江礼教
深度探索 Go 语言——对象模型与 runtime 的原理、特性及应用	封幼林
深度探索 Flutter——企业应用开发实战	赵龙
Flutter 组件精讲与实战	赵龙
Flutter 组件详解与实战	[加]王浩然（Bradley Wang）
Flutter 跨平台移动开发实战	董运成
Dart 语言实战——基于 Flutter 框架的程序开发（第 2 版）	亢少军
Dart 语言实战——基于 Angular 框架的 Web 开发	刘仕文
IntelliJ IDEA 软件开发与应用	乔国辉
Vue+Spring Boot 前后端分离开发实战	贾志杰
Vuc.js 快速入门与深入实战	杨世文
Vue.js 企业开发实战	千锋教育高教产品研发部
Python 从入门到全栈开发	钱超
Python 全栈开发——基础入门	夏正东
Python 全栈开发——高阶编程	夏正东
Python 游戏编程项目开发实战	李志远
Python 人工智能——原理、实践及应用	杨博雄 主编,于营、肖衡、潘玉霞、高华玲、梁志勇 副主编
Python 深度学习	王志立
Python 预测分析与机器学习	王沁晨
Python 异步编程实战——基于 AIO 的全栈开发技术	陈少佳
Python 数据分析实战——从 Excel 轻松入门 Pandas	曾贤志
Python 数据分析从 0 到 1	邓立文、俞心宇、牛瑶
Python Web 数据分析可视化——基于 Django 框架的开发实战	韩伟、赵盼
Python 玩转数学问题——轻松学习 NumPy、SciPy 和 Matplotlib	张骞
Pandas 通关实战	黄福星
深入浅出 Power Query M 语言	黄福星
FFmpeg 入门详解——音视频原理及应用	梅会东

书　名	作　者
云原生开发实践	高尚衡
虚拟化 KVM 极速入门	陈涛
虚拟化 KVM 进阶实践	陈涛
边缘计算	方娟、陆帅冰
物联网——嵌入式开发实战	连志安
动手学推荐系统——基于 PyTorch 的算法实现（微课视频版）	於方仁
人工智能算法——原理、技巧及应用	韩龙、张娜、汝洪芳
跟我一起学机器学习	王成、黄晓辉
TensorFlow 计算机视觉原理与实战	欧阳鹏程、任浩然
分布式机器学习实战	陈敬雷
计算机视觉——基于 OpenCV 与 TensorFlow 的深度学习方法	余海林、翟中华
深度学习——理论、方法与 PyTorch 实践	翟中华、孟翔宇
深度学习原理与 PyTorch 实战	张伟振
AR Foundation 增强现实开发实战（ARCore 版）	汪祥春
ARKit 原生开发入门精粹——RealityKit + Swift + SwiftUI	汪祥春
HoloLens 2 开发入门精要——基于 Unity 和 MRTK	汪祥春
Altium Designer 20 PCB 设计实战（视频微课版）	白军杰
Cadence 高速 PCB 设计——基于手机高阶板的案例分析与实现	李卫国、张彬、林超文
Octave 程序设计	于红博
ANSYS 19.0 实例详解	李大勇、周宝
AutoCAD 2022 快速入门、进阶与精通	邵为龙
SolidWorks 2020 快速入门与深入实战	邵为龙
SolidWorks 2021 快速入门与深入实战	邵为龙
UG NX 1926 快速入门与深入实战	邵为龙
西门子 S7-200 SMART PLC 编程及应用（视频微课版）	徐宁、赵丽君
三菱 FX3U PLC 编程及应用（视频微课版）	吴文灵
全栈 UI 自动化测试实战	胡胜强、单镜石、李睿
pytest 框架与自动化测试应用	房荔枝、梁丽丽
软件测试与面试通识	于晶、张丹
智慧教育技术与应用	[澳]朱佳（Jia Zhu）
敏捷测试从零开始	陈霁、王富、武夏
智慧建造——物联网在建筑设计与管理中的实践	[美]周晨光(Timothy Chou)著；段晨东、柯吉译
深入理解微电子电路设计——电子元器件原理及应用（原书第 5 版）	[美]理查德·C.耶格（Richard C. Jaeger）、[美]特拉维斯·N.布莱洛克（Travis N. Blalock）著；宋廷强 译
深入理解微电子电路设计——数字电子技术及应用（原书第 5 版）	[美]理查德·C.耶格（Richard C.Jaeger）、[美]特拉维斯·N.布莱洛克（Travis N.Blalock）著；宋廷强 译
深入理解微电子电路设计——模拟电子技术及应用（原书第 5 版）	[美]理查德·C.耶格（Richard C.Jaeger）、[美]特拉维斯·N.布莱洛克（Travis N.Blalock）著；宋廷强 译